建筑工程施工质量标准化指导丛书

装饰装修工程细部做法

中铁建设集团有限公司　主编

中国建筑工业出版社

图书在版编目（CIP）数据

装饰装修工程细部做法/中铁建设集团有限公司主
编. —北京：中国建筑工业出版社，2017.3（2024.1重印）
（建筑工程施工质量标准化指导丛书）
ISBN 978-7-112-20583-7

Ⅰ.①装… Ⅱ.①中… Ⅲ.①建筑装饰-工程装修-
标准化 Ⅳ.①TU767.4-65

中国版本图书馆 CIP 数据核字（2017）第 048362 号

全书以现行的《住宅装饰装修工程施工规范》、《建筑装饰装修工程施工质
量验收规范》等规范规程为依据编写，讲解了装饰装修中抹灰工程、门窗工
程、吊顶工程、轻质隔墙和隔断工程、饰面板工程、裱糊工程、软包工程、涂
饰工程、细部工程等施工细部工艺做法。

本书内容简明、实用，图文结合，可供从事建筑装饰装修工程施工、设计
人员以及大专院校相关专业师生参考使用。

责任编辑：杨　允
责任校对：李美娜　刘梦然

建筑工程施工质量标准化指导丛书
装饰装修工程细部做法
中铁建设集团有限公司　主编

*

中国建筑工业出版社出版、发行（北京海淀三里河路9号）
各地新华书店、建筑书店经销
霸州市顺浩图文科技发展有限公司制版
北京中科印刷有限公司印刷

*

开本：787×1092毫米　1/16　印张：17½　字数：426千字
2017年4月第一版　　2024年1月第四次印刷
定价：**98.00**元
ISBN 978-7-112-20583-7
（30250）

本 书 编 委 会

主 任 委 员：汪文忠　赵　伟

委　　　员：贾　洪　吴成木　吴永红　贾学斌　赵向东　钱增志
　　　　　　李　菲　李秋丹　方宏伟　金　飞　刘　政　张学臣
　　　　　　胡　炜　周桂云　刘明海　邢世春　武利平　韩　锋
　　　　　　罗力勤　乔　磊　白　鸽

主　　　编：贾　洪　钱增志　方宏伟

主要编审人员

电气安装工程：林巨鹏　江期洪　倪晓东　范仿林　赵　淼　刘　勇

设备安装工程：李长勇　卫燕飞　楚鹏阳　黄洪宇　田　菲　曹鹏鹏
　　　　　　　杨金国　张丽平

结 构 工 程：张帅奇　张加宾　林　柘　邓玉萍　吴东浩　许　雷

装饰装修工程：张帅奇　刘神保　杨春光　段毅斌　朱　辉　武利平
　　　　　　　江期洪　喻淑国　陈继云　顾志勇　冯磊杰　乔铁甫
　　　　　　　孟　达　张加宾

建筑屋面工程和地面工程：张帅奇　张加宾　姜大力

幕 墙 工 程：张帅奇　胡中宜　邵洪海　董　国　敖韦华　杨小虎
　　　　　　　张加宾

主 编 单 位：中铁建设集团有限公司
　　　　　　　中国建筑业协会工程质量管理分会
　　　　　　　中铁建设集团设备安装有限公司
　　　　　　　北京中铁装饰工程有限公司
　　　　　　　中铁建设集团北京工程有限公司

前　言

2016年3月5日，在第十二届全国人民代表大会第四次会议上，中共中央政治局常委、国务院总理李克强在《政府工作报告》中指出，改善产品和服务供给要突出抓好提升消费品品质、促进制造业升级、加快现代服务业发展三个方面。鼓励企业开展个性化定制、柔性化生产，培育精益求精的工匠精神，增品种、提品质、创品牌。中铁建设集团作为"世界500强"——中国铁建股份有限公司的全资子公司，成立38年来秉承"安全是天，质量是根"的理念，践行"周密策划、精心建造、优质高效、实现承诺"的质量方针，坚持"双百"方针，持续推进工序质量标准化体系的建设，经过近十年的总结和探索，逐步总结形成了引领企业品质升级的工程质量标准化指导丛书。

本次出版的工程质量标准化指导丛书共六册，涵盖了房建工程9个分部、62个子分部、305个分项工程内容，编制内容主要依据国家、行业规范、规程以及国标图集，以直观、明确、规范为目的，采用图文结合的编写形式，针对分部分项工程的关键工序或影响建筑结构安全、使用功能和观感质量的环节，采用一张或多张构造图或图片对应展示，并对其标准做概括性描述，力求简明扼要。

丛书在编制过程中得到了中国建筑业协会、中国铁建股份有限公司、北京市住房和城乡建设委员会等单位和各级领导的关怀，得到了业内多家知名企业的帮助，在此表示感谢。由于编者水平有限，难免存在疏漏欠妥之处，读者在阅读和使用过程中请辩证采纳书中观点，并殷切希望和欢迎提出宝贵意见，编审委员会将认真吸取，以便再版时厘定和补正。

编审委员会

目 录

第1章 装修工程强制性条文（共性）

1 《建筑装饰装修工程施工质量验收规范》GB 50210—2001

（1）（第3.1.1条） 建筑装饰装修工程必须进行设计，并出具完整的施工图设计文件。

（2）（第3.1.5条） 建筑装饰装修工程设计必须保证建筑物的结构安全和主要使用功能。当涉及主体和承重结构改动或增加荷载时，必须由原结构设计单位或具备相应资质的设计单位核查有关原始资料，对既有建筑结构的安全性进行核验、确认。

（3）（第3.2.3条） 建筑装饰装修工程所用材料应符合国家有关建筑装饰装修材料有害物质限量标准的规定。

（4）（第3.2.9条） 建筑装饰装修工程所使用的材料应按设计要求进行防火、防腐和防虫处理。

（5）（第3.3.4条） 建筑装饰装修工程施工中，严禁违反设计文件擅自改动建筑主体、承重结构或主要使用功能；严禁未经设计确认和有关部门批准擅自拆改水、暖、电、燃气、通讯等配套设施。

（6）（第3.3.5条） 施工单位应遵守有关环境保护的法律法规，并应采取有效措施控制施工现场的各种粉尘、废气、废弃物、噪声、振动等对周围环境造成的污染和危害。

（7）（第4.1.12条） 外墙和顶棚的抹灰层与基层之间及各抹灰层之间必须粘结牢固。

（8）（第5.1.11条） 建筑外门窗的安装必须牢固。在砌体上安装门窗严禁用射钉固定。

（9）（第6.1.12条） 重型灯具、电扇及其他重型设备严禁安装在吊顶工程的龙骨上。

（10）（第8.2.4条） 饰面板安装工程的预埋件（或后置埋件）、连接件的数量、规格、位置、连接方法和防腐处理必须符合设计要求。后置埋件的现场拉拔强度必须符合设计要求。饰面板安装必须牢固。

（11）（第8.3.4条） 饰面砖粘贴必须牢固。

（12）（第12.5.6条） 护栏高度、栏杆间距、安装位置必须符合设计要求。护栏安装必须牢固。

2 《住宅装饰装修工程施工规范》GB 50327—2001

（1）（第3.1.3条） 施工中，严禁损坏房屋原有绝热设施；严禁损坏受力钢筋；严禁超荷载集中堆放物品；严禁在预制混凝土空心楼板上打孔安装预埋件。

（2）（第3.2.2条） 严禁使用国家明令淘汰的材料。

（3）（第4.1.1条） 施工单位必须制定施工防火安全制度，施工人员必须严格遵守。

（4）（第4.3.4条） 施工现场动用电气焊等明火时，必须清除周围及焊渣滴落区的可燃物质，并设专人监督。

（5）（第4.3.6条） 严禁在施工现场吸烟。

（6）（第4.3.7条） 严禁在运行中的管道、装有易燃易爆的容器和受力构件上进行焊接和切割。

（7）（第10.1.6条） 推拉门窗扇必须有防脱落措施，扇与框的搭接量应符合设计要求。

3　《民用建筑工程室内环境污染控制规范》GB 50325—2010

（1）（第1.0.5条） 民用建筑工程所选用的建筑材料和装修材料必须符合本规范的有关规定。

（2）（第3.1.1条） 民用建筑工程使用的砂、石、砖、水泥、混凝土、混凝土预制构件等无机非金属建筑主体材料的放射性限量，应符合表3.1.1的规定。

无机非金属建筑主体材料的放射性限量　　　　　　　　　　表3.1.1

测定项目	限　　量
内照射指数 I_{Ra}	≤1.0
外照射指数 I_γ	≤1.0

（3）（第3.1.2条） 民用建筑工程所使用的无机非金属装修材料，包括石材、建筑卫生陶瓷、石膏板、吊顶材料、无机瓷质砖粘结材料等，进行分类时，其放射性限量应符合表3.1.2的规定。

无机非金属装修材料的放射性限量　　　　　　　　　　表3.1.2

测　定　项　目	限　　量	
	A	B
内照射指数 I_{Ra}	≤1.0	≤1.3
外照射指数 I_γ	≤1.3	≤1.9

（4）（第3.2.1条） 民用建筑工程室内用人造木板及饰面人造木板，必须测定游离甲醛含量或游离甲醛释放量。

（5）（第4.3.1条） 民用建筑工程室内不得使用国家禁止使用、限制使用的建筑材料。

（6）（第4.3.2条） Ⅰ类民用建筑工程室内装修采用的无机非金属装修材料必须为A类

（7）（第4.3.4条） Ⅰ类民用建筑工程的室内装修，采用的人造木板及饰面人造木板必须达到E1级的要求。

（8）（第4.3.9条） 民用建筑工程室内装修中所使用的木地板及其他木制材料，严禁采用沥青、煤焦油类防腐、防潮处理剂。

（9）（第5.1.2条） 当建筑材料和装修材料进场检验，发现不符合设计要求及本规范的有关规定时，严禁使用。

（10）（第5.2.1条） 民用建筑工程中所采用的无机非金属建筑材料和装修材料必须有放射性指标检测报告，并应符合设计要求和本规范的有关规定。

（11）（第5.2.3条） 民用建筑工程室内装修中所采用的人造木板及饰面人造木板，必须有游离甲醛含量或游离甲醛释放量检测报告，并应符合设计要求和本规范的有关规定。

（12）（第5.2.5条） 民用建筑工程室内装修中所采用的水性涂料、水性胶粘剂、水性处理剂必须有同批次产品的挥发性有机化合物（VOC）和游离甲醛含量检测报告；溶剂型涂料、溶剂型胶粘剂必须有同批次产品的挥发性有机化合物（VOC）、苯、甲苯十二甲苯、游离甲苯二异氰酸酯（TDI）含量检测报告，并应符合设计要求和本规范的有关规定。

（13）（第5.2.6条） 建筑材料和装修材料的检测项目不全或对检测结果又疑问时，必须将材料送有资格的检测机构进行检验，检验合格后方可使用。

（14）（第5.3.3条） 民用建筑工程室内装修时，严禁使用苯、工业苯、石油苯、重质苯及混苯作为稀释剂和溶剂。

（15）（第5.3.6条） 民用建筑工程室内严禁使用有机溶剂清洗施工用具。

（16）（第6.0.3条） 民用建筑工程所用建筑材料和装修材料的类别、数量和施工工艺等，应符合设计要求和本规范的有关规定。

（17）（第6.0.4条） 民用建筑工程验收时，必须进行室内环境污染物浓度检测，其限量应符合表6.0.4的规定。

民用建筑工程室内环境污染物浓度限量 表6.0.4

污染物	Ⅰ类民用建筑工程	Ⅱ类民用建筑工程
氡（Bq/m³）	≤200	≤400
甲醛（mg/m³）	≤0.08	≤0.1
苯（mg/m³）	≤0.09	≤0.09
氨（mg/m³）	≤0.2	≤0.2
TVOC（mg/m³）	≤0.5	≤0.6

注：1 表中污染物浓度测量值，除氡外均指室内测量值扣除同步测定的室外上风向空气测量值（本底值）后的测量值。
2 表中污染物浓度测量值的极限值判定，采用全数值比较法。

（18）（第6.0.19条） 当室内环境污染物浓度的全部检测结果符合本规范表2.2-1的规定时，应判定该工程室内环境质量合格。

（19）（第6.0.21条） 室内环境质量验收不合格的民用建筑工程，严禁投入使用。

4 《建筑内部装修防火施工及验收规范》GB 50354—2005

（1）（第2.0.4条） 进入施工现场的装修材料应完好，并应该查其燃烧性能或耐火极限、防火性能型式检验报告、合格证书等技术文件是否符合防火设计要求。核查、检验时，应按本规范附录B的要求填写进场验收记录。

装修材料进场验收记录 附录 B

材料类别	品种	使用部位及数量	进场材料燃烧性能	设计要求燃烧性能	检验报告	合格证书	核查人员
纺织织物							
木质材料							
高分子合成材料							
复合材料							
其他材料							
验收单位	施工单位：(单位印章)			施工单位项目负责人：(签章) 年月日			
	监理单位：(单位印章)			监理工程师：(签章) 年月日			

（2）（第 2.0.5 条） 装修材料进入施工现场后，应按本规范的有关规定，在监理单位或建设单位监督下，由施工单位有关人员现场取样，并应由具备相应资质的检验单位进行见证取样检验。

（3）（第 2.0.6 条） 装修施工过程中，装修材料应远离火源，并应指派专人负责施工现场的防火安全。

（4）（第 2.0.7 条） 装修施工过程中，应对各装修部位的施工过程作详细记录。记录表的格式应符合本规范附录 C 的要求。

（5）（第 2.0.8 条） 建筑工程内部装修不得影响消防设施的使用功能。装修施工过程中，当确需变更防火设计时，应经原设计单位或具有相应资质的设计单位按有关规定进行。

（6）（第3.0.4条） 下列材料应进行抽样检查：

1 现场阻燃处理后的纺织织物，每种取 $2m^2$ 检验燃烧性能；

2 施工过程中受湿浸、燃烧性能可能受影响的纺织织物，每种取 $2m^2$ 检验燃烧性能。

（7）（第4.0.4条） 下列材料应进行抽样检测

1 现场阻燃处理后的木质材料，每种取 $4m^2$ 检验燃烧性能；

2 表面进行加工后的 B1 级木质材料，每种取 $4m^2$ 检验燃烧性能。

（8）（第5.0.4条） 现场阻燃处理后的泡沫塑料应进行抽样检验，每种取 $0.1m^3$ 检验燃烧性能。

（9）（第6.0.4条） 现场阻燃处理后的复合材料应进行抽样检验，每种取 $4m^2$ 检验燃烧性能。

（10）（第7.0.4条） 现场阻燃处理后的符合材料应进行抽样检验。

（11）（第8.0.2条） 工程质量验收应符合下列要求：

1 技术资料应完整；

2 所用装修材料或产品的见证取样检验结果应满足设计要求；

3 装修施工过程中的抽样检验结果，包括隐蔽工程的施工过程中及完工后的抽样检验结果应符合设计要求；

4 现场进行阻燃处理、喷涂、安装作业的抽样检验结果应符合设计要求；

5 施工过程中的主控项目检验结果应全部合格；

6 施工过程中的一般项目检验结果合格率应达到 80％。

（12）（第8.0.6条） 当装修施工的有关资料经审查全部合格、施工过程全部符合要求、现场检查或抽样检测结果全部合格时，工程验收应为合格。

5 《建筑内部装修设计防火规范》GB 50222—95（2001 年局部修订）

（1）（第3.2.3条） 当同时装有火灾自动报警装置和自动灭火系统时，其顶棚装修材料的燃烧性能可在《建筑内部装修设计防火规范》GB 50222—95（2001 年局部修订）表3.2.1规定的基础上降低一级，其他装修材料的燃烧性能等级可不限制；

（2）（第3.4.2条） 地下民用建筑的疏散走道和安全出口的门厅，其顶棚、墙面和地面的装修材料应采用 A 级装修材料。

（3）（第3.1.2条） 除地下建筑外，无窗房间的内部装修材料的燃烧性能等级，除 A 级外，应在本规范规定的基础上提高一级；

（4）（第3.1.6条） 无自然采光楼梯间、封闭楼梯间、防烟楼梯间的顶棚、墙面和地面均应采用 A 级装修材料；

（5）（第3.1.13条） 地上建筑的水平疏散走道和安全出口的门厅，其顶棚装修材料应采用 A 级装修材料，其他部位应采用不低于 B1 级的装修材料；

（6）（第3.1.18条） 当歌舞厅、卡拉 OK 厅（含具有卡拉 OK 功能的餐厅）、夜总会、录像厅、放映厅、桑拿浴（除洗浴部分外）、游艺厅（含电子游艺厅）、网吧等歌舞娱乐场所（以下简称歌舞娱乐放映游艺场所）设置在一、二级耐火等级建筑的四层及四层以上时，室内装修的顶棚材料应采用 **A** 级装修材料，其他部位应采用不低于 **B1** 级的装修材料；设置在地下一层时，室内装修的顶棚、墙面材料应采用 **A** 级装修材料，其他部位采用不低于 **B1** 级的装修材料。

6 《室内装饰装修材料 胶粘剂中有害物质限量》GB 18583—2008

（1）（第3.1条） 室内建筑装饰装修用胶粘剂分为溶剂型、水基型、本体型三大类。

（2）（第3.2条） 溶剂型胶粘剂中有害物质限量值应符合表 1 的规定。

溶剂型胶粘剂中有害物质限量值　　　　　　　　　　表 1

项　目	指　标			
	氯丁橡胶胶粘剂	SBS 胶粘剂	聚氨酯类胶粘剂	其他胶粘剂
游离甲醛(g/kg)	≤0.50			—
苯(g/kg)	≤5.0			
甲苯＋二甲苯(g/kg)	≤200	≤150	≤150	≤150
甲苯二异氰酸酯(g/kg)	—		≤10	—
二氯甲烷(g/kg)		≤50		
1,2-二氯乙烷(g/kg)	总量≤5.0	总量≤5.0	—	≤50
1,1,2-三氯乙烷(g/kg)				
三氯乙烯(g/kg)				
总挥发性有机物(g/L)	≤700	≤650	≤700	≤700

注：如产品规定了稀释比例或产品有双组分或多组分组成时，应分别测定稀释剂和各组分中的含量，再按产品规定的配比计算混合后的总量。如稀释剂的使用量为某一范围时，应按照推荐的最大稀释量进行计算。

（3）（第3.3条） 水基型胶粘剂中有害物质限量值应符合表 2 的规定。

水基型胶粘剂中有害物质限量值　　　　　　　　　　表 2

项　目	指　标				
	缩甲醛类胶粘剂	聚乙酸乙烯酯胶粘剂	橡胶类胶粘剂	聚氨酯类胶粘剂	其他胶粘剂
游离甲醛(g/kg)	≤1.0	≤1.0	≤1.0	—	≤1.0
苯(g/kg)	≤0.20				
甲苯＋二甲苯(g/kg)	≤10				
总挥发性有机物(g/L)	≤350	≤110	≤250	≤100	≤350

（4）（第3.4条） 本体型胶粘剂中有害物质限量值应符合表 3 的规定。

本体型胶粘剂中有害物质限量值　　　　　　　　　　表 3

项　目	指　标
总挥发性有机物(g/L)	≤100

7　《住宅室内装饰装修设计规范》JGJ 367—2015

（1）（第3.0.4条）　住宅共用部分的装饰装修设计不得影响消防设施和安全疏散设施的正常使用，不得降低安全疏散能力。

（2）（第3.0.7条）　住宅室内装饰装修设计不得拆除室内原有的安全防护设施，且更换的防护设施不得降低安全防护的要求。

8　《建筑工程检测试验技术管理规范》JGJ 190—2010

（1）（第3.0.4条）　施工单位及其取样、送检人员必须确保提供的检测试样具有真实性和代表性。

（2）（第3.0.6条）　见证人员必须对见证取样和送检的过程进行见证，且必须确保见证取样和送检过程的真实性。

（3）（第3.0.8条）　检测机构应确保检测数据和检测报告的真实性和准确性。

（4）（第5.4.1条）　进场材料的检测试样，必须从施工现场随机抽取，严禁在现场外制取。

（5）（第5.4.2条）　施工过程质量检测试样，除确定工艺参数可制作模拟试样外，必须从现场相应的施工部位制取。

（6）（第5.7.4条）　对检测试验结果不合格的报告严禁抽撤、替换或修改。

第2章 抹灰工程

1 抹灰工程施工主要相关规范标准

本条所列的是与抹灰工程施工相关的主要国家和行业规范、规程和图集，项目部应根据实际施工的内容和做法配置对应的规范、规程和图集。地方标准由于各地要求不一致，未进行列举，但在各地施工时必须参考。

《建筑装饰装修工程质量验收规范》GB 50210

《住宅装饰装修工程施工规范》GB 50327

《抹灰砂浆技术规程》JGJ/T 220

《预拌砂浆应用技术规程》JGJ/T 223

《建筑工程冬期施工规程》JGJ/T 104

《民用建筑工程室内环境污染控制规范》GB 50325

《建筑材料放射性核素限量》GB 6566

《通用硅酸盐水泥》GB 175

《预拌砂浆》GB/T 25181

《建筑用砂》GB/T 14684

《抹灰石膏》GB/T 28627

《粉刷石膏》JC/T 517

2 抹灰工程强制性条文、基本规定

2.1 《建筑装饰装修工程质量验收规范》GB 50210—2001 强制性条文

（1）（第 3.1.1 条） 建筑装饰装修工程必须进行设计，并出具完整的施工图设计文件。

（2）（第 3.1.5 条） 建筑装饰装修工程设计必须保证建筑物的结构安全和主要使用功能。当涉及主体和承重结构改动或增加荷载时，必须由原结构设计单位或具备相应资质的设计单位核查有关原始资料，对既有建筑结构的安全性进行核验、确认。

（3）（第 3.3.4 条） 建筑装饰装修工程施工中，严禁违反设计文件擅自改动建筑主体、承重结构或主要使用功能；严禁未经设计确认和有关部门批准擅自拆改水、暖、电、燃气、通信等配套设施。

（4）（第 4.1.12 条） 外墙和顶棚的抹灰层与基层之间及各抹灰层之间必须粘结牢固。

2.2 《住宅装饰装修工程施工规范》GB 50327—2001 强制性条文

（1）（第 3.1.3 条） 施工中，严禁损坏房屋原有绝热设施；严禁损坏受力钢筋；严禁超荷载集中堆放物品；严禁在预制混凝土空心楼板上打孔安装预埋件。

（2）（第 3.2.2 条） 严禁使用国家明令淘汰的材料。

2.3 《民用建筑工程室内环境污染控制规范》GB 50325—2010 强制性条文

（1）（第 4.3.1 条） 民用建筑工程室内不得使用国家禁止使用、限制使用的建筑材料。

（2）（第 5.1.2 条） 当建筑材料和装修材料进场检验，发现不符合设计要求及本规范的有关规定时，严禁使用。

（3）（第 5.2.6 条） 建筑材料和装修材料的检测项目不全或对检测结果有疑问时，必须将材料送有资格的检测机构进行检验，检验合格后方可使用。

（4）（第 6.0.3 条） 民用建筑工程所用建筑材料和装修材料的类别、数量和施工工艺等，应符合设计要求和本规范的有关规定。

2.4 《抹灰砂浆技术规程》JGJ/T 220 基本规定

2.4.1 一般抹灰工程用砂浆宜选用预拌抹灰砂浆，抹灰砂浆应采用机械搅拌。

【备注：随着建筑技术的发展，预拌砂浆以其高品质、节能、节材、环保等优势在我国逐步得到推广和应用，预拌砂浆的品种也日益增多，特别是根据《关于在部分城市限期禁止现场搅拌砂浆工作的通知》（商改发〔2007〕205 号）精神，2009 年 7 月 1 日后，全国大部分大中城市将不准在现场拌制砂浆，预拌抹灰砌筑砂浆使用也会愈来愈多。预拌砂浆不但性能优良而且符合国家产业政策，因此，抹灰砂浆技术规程优先选用预拌砂浆。】

2.4.2 抹灰砂浆强度不宜比基体材料强度高出两个及以上强度等级，并应符合下列规定：

（1）对于无粘结饰面砖的外墙，底层抹灰砂浆宜比基体材料高一个强度等级或等于基体材料强度。

（2）对于无粘结饰面砖的内墙，底层抹灰砂浆宜比基体材料低一个强度等级。

（3）对于有粘结饰面砖的内墙和外墙，中层抹灰砂浆宜比基体材料高一个强度等级且不低于 M15，并宜选用水泥抹灰砂浆。

（4）孔洞填补和窗台、阳台抹面等宜采用 M15 或 M20 水泥抹灰砂浆。

【备注：过去采用体积比配置的抹灰砂浆强度均比基体材料强度高一倍甚至几倍以上，不仅浪费材料，而且由于强度相差太大，变形不协调，会导致抹灰层空鼓等质量通病。根据实体工程抹灰情况调查，抹灰层砂浆强度与基体材料强度相差在两个强度等级内较恰当。选择抹灰砂浆强度时，分下列几种情况进行考虑：（1）当外墙无粘贴饰面砖要求时，考虑到节材及收缩问题，规定底层抹灰砂浆强度大于基体材料一个强度等级或等于基体材料强度。（2）对不粘贴饰面砖的内墙，抹灰砂浆强度宜低于基体材料强度一个强度等级。（3）对需粘贴饰面砖时，考虑到安全性能，规定中层抹灰砂浆强度不宜低于 M15 且大于基体材料强度一个强度等级，优先选用水泥砂浆。（4）对于填补孔洞和窗台、阳台抹面等

局部使用的砂浆，由于面积小，收缩问题可不考虑，主要考虑强度，规定采用 M15 或 M20 水泥砂浆。】

2.4.3 配置强度等级不大于 M20 的抹灰砂浆，宜用 32.5 级通用硅酸盐水泥或砌筑水泥；配置强度等级大于 M20 的抹灰砂浆，宜用强度等级不低于 42.5 级的通用硅酸盐水泥。通用硅酸盐水泥宜采用散装的。

2.4.4 用通用硅酸盐水泥拌制抹灰砂浆时，可掺入适量的石灰膏、粉煤灰、粒化高炉矿渣粉、沸石粉等，不应掺入消石粉。用砌筑水泥拌制抹灰砂浆时，不得再掺加粉煤灰等矿物掺合料。

2.4.5 拌制抹灰砂浆，可根据需要掺入改善砂浆性能的添加剂。目前抹灰砂浆中常用的外加剂包括减水剂、防水剂、缓凝剂、塑化剂、砂浆防冻剂等。

2.4.6 抹灰砂浆的品种宜根据使用部位或基体种类按表 2.2.4-1 选用。

抹灰砂浆的品种选用　　　　　　　　　表 2.2.4-1

使用部位或基体种类	抹灰砂浆品种
内墙	水泥抹灰砂浆、水泥石灰抹灰砂浆、水泥粉煤灰抹灰砂浆、掺塑化剂水泥抹灰砂浆、聚合物水泥抹灰砂浆、石膏抹灰砂浆
外墙、门窗洞口外侧壁	水泥抹灰砂浆、水泥粉煤灰抹灰砂浆
温(湿)度较高的车间和房屋、地下室、屋檐、勒脚等	水泥抹灰砂浆、水泥粉煤灰抹灰砂浆
混凝土板和墙	水泥抹灰砂浆、水泥石灰抹灰砂浆、聚合物水泥抹灰砂浆、石膏抹灰砂浆
混凝土顶棚、条板	聚合物水泥抹灰砂浆、石膏抹灰砂浆
加气混凝土砌块(板)	水泥石灰抹灰砂浆、水泥粉煤灰抹灰砂浆、掺塑化剂水泥抹灰砂浆、聚合物水泥抹灰砂浆、石膏抹灰砂浆

2.4.7 抹灰砂浆的施工稠度宜按表 2.2.4-2 选取。聚合物水泥抹灰砂浆的施工稠度宜为 50～60mm，石膏抹灰砂浆的施工稠度宜为 50～70mm。

抹灰砂浆的施工稠度　　　　　　　　　表 2.2.4-2

抹灰层	施工稠度(mm)
底层	90～110
中层	70～90
面层	70～80

2.4.8 抹灰砂浆的搅拌时间应自加水开始计算，并应符合下列规定：
(1) 水泥抹灰砂浆和混合砂浆，搅拌时间不得小于 120s。
(2) 预拌砂浆和掺有粉煤灰、添加剂等的抹灰砂浆，搅拌时间不得小于 180s。

2.4.9 抹灰砂浆施工应在主体结构质量验收合格后进行。

2.4.10 抹灰砂浆施工配合比确定后，在进行外墙及顶棚抹灰施工前，宜在实地制作样板，并应在规定龄期进行拉伸粘结强度试验。检验外墙及顶棚抹灰工程质量的砂浆拉伸粘结强度，应在工程实体上取样检测。抹灰砂浆拉伸粘结强度试验方法应按《抹灰砂浆技术规程》JGJ/T 220 附录 A 进行。

【备注：为保证抹灰砂浆施工质量，规定大面积施工前可在实地制作样板，在规定龄期进行试验,当抹灰砂浆拉伸粘结强度值满足要求后,方可进行抹灰施工。抹灰工程完工后,需要在现场进行抹灰砂浆拉伸粘结强度检测,一般为抹灰层施工完后28d进行,也可按合同约定的时间进行检测,但检测结果必须满足抹灰砂浆技术规程要求。】

2.4.11 抹灰前的准备工作应符合下列规定:

(1)应检查栏杆、预埋件等位置的准确性和连接的牢固性。

(2)应将基层的孔洞、沟槽填补密实、整平,且修补找平用的砂浆应与抹灰砂浆一致。

(3)应清除基层表面浮灰,并宜洒水湿润。

(*a*)　　　　　　　　　　(*b*)

图 2.2.4-1　电管线槽抹灰填补示例图

 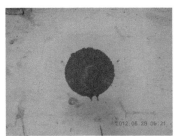 

图 2.2.4-2　门框缝隙　　　　图 2.2.4-3　外墙螺杆　　　　图 2.2.4-4　基层孔
抹灰修补示例图　　　　孔抹灰防水处理　　　　洞修补实例

2.4.12 抹灰层的平均厚度宜符合下列规定:

(1)内墙:普通抹灰的平均厚度不宜大于 20mm,高级抹灰的平均厚度不宜大于 25mm。

(2)外墙:墙面抹灰的平均厚度不宜大于 20mm,勒脚抹灰的平均厚度不宜大于 25mm。

(3)顶棚:现浇混凝土抹灰的平均厚度不宜大于 5mm,条板、预制混凝土抹灰的平均厚度不宜大于 10mm。

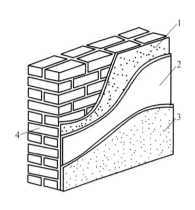

图 2.2.4-5　抹灰大样图
1—底层；2—中层；3—面层；4—基体

图 2.2.4-6　抹灰样板

（4）蒸压加气混凝土砌块基层抹灰平均厚度宜控制在 15mm 以内，当采用聚合物水泥砂浆抹灰时，平均厚度宜控制在 5mm 以内，采用石膏砂浆抹灰时，平均厚度宜控制在 10mm 以内。

2.4.13　抹灰应分层进行，水泥抹灰砂浆每层厚度宜为 5～7mm，水泥石灰抹灰砂浆每层宜为 7～9mm，并应待前一层达到六七成干后再涂抹后一层。

【备注：实践证明一遍抹灰过厚是导致抹灰层空鼓、脱落的主要原因之一，因此规定抹灰要分层进行，并规定了不同品种抹灰砂浆每层适宜的抹灰厚度。两层抹灰砂浆之间的时间间隔，也对抹灰层质量有很大的影响，间隔时间过短，涂抹后一层砂浆时会扰动前一层砂浆，影响其与基层材料的粘结强度；间隔时间过长，前一层砂浆已硬化，两层砂浆之间宜产生分层现象，因此，宜在前一层砂浆达到六七成干后再涂抹后一层砂浆，即用手指按压砂浆层，有轻微印痕但不沾手。】

2.4.14　强度高的水泥抹灰砂浆不应涂抹在强度低的水泥抹灰砂浆基层上。抹灰砂浆底层强度低面层强度高是产生裂缝的又一主要原因，特别是对于水泥抹灰砂浆，这种情况更为严重，因此规定强度高的水泥基砂浆不能涂抹在强度低的水泥基砂浆上。

2.4.15　当抹灰层厚度大于 35mm 时，应采取与基体粘结的加强措施。

【备注：抹灰厚度过大时容易产生起鼓、脱落等质量问题，不同材料基体交接处由于吸水和收缩性不一致，接缝处表面的抹灰层容易开裂，上述情况需要采取涂抹界面砂浆、铺设网格布等加强措施以切实保证抹灰工程的质量。铺设加强网时，需要铺设在底层砂浆与面层砂浆之间，钢网要用锚钉锚固。加强网铺设后要检查合格方可抹灰。】

2.4.16　各层抹灰砂浆在凝结硬化前，应防止暴晒、淋雨、水冲、撞击、振动。水泥抹灰砂浆、水泥粉煤灰抹灰砂浆和掺塑化剂水泥抹灰砂浆宜在湿润的条件下养护。

2.4.17　水泥砂浆拌好后，应在初凝前用完，凡结硬砂浆不得继续使用。

2.5　《预拌砂浆应用技术规程》JGJ/T 223 基本规定

2.5.1　预拌砂浆的品种选用应根据设计、施工等要求确定。

【备注："预拌砂浆"是指专业生产厂生产的湿拌砂浆或干混砂浆。传统建筑砂浆往往是按照材料的比例进行设计的，如1:3（水泥:砂）水泥砂浆、1:1:4（水泥:石灰膏:砂）混合砂浆等，而普通预拌砂浆则是按照抗压强度等级划分的。】

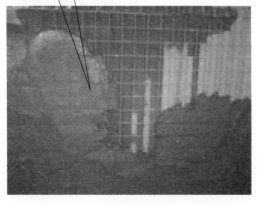
抹灰必须将加强网覆盖完整

根据基层及抹灰厚度选择适当的加强措施

图2.2.4-7 超厚抹灰加强网示例图　　　　图2.2.4-8 砌块墙满挂网示例图

预拌砂浆与传统砂浆的对应关系　　　　　　　　　　　　　　表2.2.5

品种	预拌砂浆	传统砂浆
抹灰砂浆	WP M5、DP M5 WP M10、DP M10 WP M15、DP M15 WP M20、DP M20	1:1:6混合砂浆 1:1:4混合砂浆 1:3水泥砂浆 1:2水泥砂浆、1:2.5水泥砂浆、1:1:2混合砂浆

2.5.2 不同品种、规格的预拌砂浆不应混合使用。

2.5.3 预拌砂浆施工前，施工单位应根据设计和工程要求及预拌砂浆产品说明书等编制施工方案，并应按施工方案进行施工。

2.5.4 预拌砂浆施工时，施工环境温度宜为5～35℃。当温度低于5℃或高于35℃施工时，应采取保证工程质量的措施。五级风及以上、雨天和雪天的露天环境条件下，不应进行预拌砂浆施工。

【备注：在低温环境中，砂浆会因水泥水化迟缓或停止而影响强度的发展，导致砂浆达不到预期的性能；另外，砂浆通常是以薄层使用，极易受冻害，因此，应避免在低温环境中施工。当必须在5℃以下施工时，应采取冬期施工措施，如砂浆中掺入防冻剂、缩短砂浆凝结时间、适当降低砂浆稠度等；对施工完的砂浆层及时采取保温防冻措施，确保砂浆在凝结硬化前不受冻；施工时尽量避开早晚低温。

高温天气下，砂浆失水较快，尤其是抹灰砂浆，因其涂抹面积较大且厚度较薄，水分蒸发更快，砂浆会因缺水而影响强度的发展，导致砂浆达不到预期的性能，因此，应避免在高温环境中施工。当必须在35℃以上施工时，应采取遮阳措施，如搭设遮阳棚、避开正午高温时施工、及时给硬化的砂浆喷水养护、增加喷水养护的次数等。

雨天露天施工时，雨水会混进砂浆中，使砂浆水灰比发生变化，从而改变砂浆性能，难以保证砂浆质量及工程质量，故应避免雨天露天施工。大风天气施工，砂浆会因失水太

13

快，容易引起干燥收缩，导致砂浆开裂，尤其对抹灰层质量影响极大，而且对施工人员也不安全，故应避免大风天气室外施工。】

2.5.5 施工单位应建立各道工序的自检、互检和专职人员检验制度，并应有完整的施工检查记录。

2.5.6 预拌砂浆抗压强度、实体拉伸粘结强度应按验收批进行评定。抗压强度试块、实体拉伸粘结强度检验是按照检验批进行留置或检测的，在评定其质量是否合格时，按由同种材料、相同施工工艺、同类基体或基层的若干个检验批构成的验收批进行评定。

3 抹灰工程原材料的现场管理

3.1 材料要求

3.1.1 抹灰砂浆所用原材料不应对人体、生物与环境造成有害的影响。

【备注：考虑到配制抹灰砂浆的原材料水泥、粉煤灰等可能含有放射性物质，会对人体产生伤害，规定所用原材料不应对人体、生物与环境造成有害的影响，并要符合现行国家标准《建筑材料放射性核素限量》GB 6566 的规定。】

3.1.2 通用硅酸盐水泥除应符合现行国家标准，尚应符合下列规定：

（1）应分批复验水泥的强度和安定性，并应以同一生产厂家、同一编号的水泥为一批。

（2）当对水泥质量有怀疑或水泥出厂超过三个月时，应重新复验，复验合格的，可继续使用。

（3）不同品种、不同等级、不同厂家的水泥，不得混合使用。

3.1.3 抹灰砂浆宜用中砂。不得含有害杂质，砂的含泥量不应超过5%，且不应含有4.75mm 以上粒径的颗粒，并应符合现行行业标准《普通混凝土用砂、石质量及检验方法标准》JGJ 52 的规定。人工砂、山砂及细砂应经试配试验证明能满足抹灰砂浆要求后再使用。

3.1.4 石灰膏应符合下列规定：

（1）石灰膏应在储灰池中熟化，熟化时间不应少于 15d，且用于罩面抹灰砂浆时不应少于 30d，并应用孔径不大于 3mm×3mm 的网过滤。

（2）磨细生石灰粉熟化时间不应少于 3d，并应用孔径不大于 3mm×3mm 的网过滤。

（3）沉淀池中储存的石灰膏，应采取防止干燥、冻结和污染的措施。

（4）脱水硬化的石灰膏不得使用；未熟化的生石灰粉及消石灰粉不得直接使用。

3.1.5 抹灰砂浆的拌合用水应符合现行行业标准《混凝土用水标准》JGJ 63 的规定。

3.1.6 纤维、聚合物、缓凝剂等应具有产品合格证书、产品性能检测报告。

3.2 进场检验

3.2.1 预拌砂浆进场时，供方应按规定批次向需方提供质量证明文件。质量证明文件应包括产品型式检验报告和出厂检验报告等。

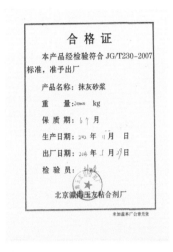

图 2.3.2-1　出厂检验报告示例图　　　　　　图 2.3.2-2　产品合格证示例图

3.2.2　预拌砂浆进场时应进行外观检验，并应符合下列规定：

（1）湿拌砂浆应外观均匀，无离析、泌水现象。

（2）散装干混砂浆应外观均匀，无结块、受潮现象。

（3）袋装干混砂浆应包装完整，无受潮现象。

3.2.3　湿拌砂浆应进行稠度检验，且稠度允许偏差应符合表 2.3.2 规定。

湿拌砂浆稠度偏差　　　　　　　　　　　　　表 2.3.2

规定稠度（mm）	允许偏差（mm）
50、70、90	±10
110	+5 −10

3.2.4　预拌砂浆外观、稠度检验合格后，应按《预拌砂浆应用技术规程》JGJ/T 223—2010 附录 A 的规定进行复验。

（a）　　　　　　　　　　　　　　　　（b）

图 2.3.2-3　复试检验报告示例图

3.3 材料检测取样要求

材料检测取样要求

表 2.3.3

序号	名　称	检　验　批　量	试　验　项　目
1	水泥	袋装 200t,散装 500t	强度、安定性、凝结时间
2	粉煤灰	相同等级、相同种类的不超过 200t 为一验收批	细度、烧失量、需水量比
3	砂	每 400m³ 或 600t 为一验收批,不足也按一批计	筛分析、含泥量、泥块含量
4	人工砂	600t 或 400m³	筛分析、石粉含量、压碎指标、亚甲蓝试验、泥块含量
5	水泥砂浆防冻剂	50t	密度(或细度)、−7d、+28d 抗压强度比
6	抹灰砂浆配合比	—	稠度、分层度或保水率、抗压强度、14d 拉伸粘结强度
7	砂浆试块	预拌抹灰砂浆同品种、同强度等级每一验收批留置不少于 3 组标养试件	抗压强度
8	干混抹灰砂浆	500t	保水率、抗压强度、拉伸粘结强度
9	粉刷石膏	60t	细度、凝结时间、抗折强度、抗压强度
		60t	凝结时间、体积密度、抗折强度、抗压强度
		60t	凝结时间、抗折强度、抗压强度
10	抹灰砂浆拉伸粘结强度(现场拉拔)	相同砂浆品种、强度等级、施工工艺的外墙和顶棚抹灰工程每 5000m² 为一检验批,取样一组	拉伸粘结强度
11	抹面抗裂砂浆	20t	常温常态拉伸粘结强度(与聚苯板)
			浸水 48h 拉伸粘结强度(与聚苯板)
			柔韧性

4　抹灰工程的操作要求

4.1　内墙抹灰

4.1.1　内墙抹灰基层宜进行处理,并应符合下列规定:

(1) 对于烧结砖砌体的基层,应清除表面杂物、残留灰浆、舌头灰、尘土等,并应在抹灰前一天浇水湿润,水应渗入墙面内 10~20mm。抹灰时,墙面不得有明水。

(2) 对于蒸压灰砂砖、蒸压粉煤灰砖、轻骨料混凝土、轻骨料混凝土空心砌块的基层,应清除表面杂物、残留灰浆、舌头灰、尘土等,并可在抹灰前浇水润湿墙面。

(3) 对于混凝土基层,应先将基层表面的尘土、污垢、油渍等清除干净,再采用下列方法之一进行处理:

1) 可将混凝土基层凿成麻面;抹灰前一天,应浇水润湿,抹灰时,基层表面不得有明水;

2）可在混凝土基层表面洒水润湿后涂刷 1∶1 水泥砂浆（加适量胶粘剂），涂刷应覆盖全部基层表面。在水泥浆表面凝固后进行抹灰。

（4）对于加气混凝土砌块基层，应先将基层清扫干净，再采用下列方法之一进行处理：

1）可浇水润湿，水应渗入墙面内 10～20mm，且墙面不得有明水。

图 2.4.1-1　基层清扫干净　　　　　　　图 2.4.1-2　浇水润湿墙面

2）可在加气混凝土砌块基层表面刷素水泥浆，水泥掺适量胶粘剂加水搅拌均匀，无生粉团后进行喷毛或甩毛，并应覆盖全部基层表面。在水泥浆表面凝固后进行抹灰。

图 2.4.1-3　墙面喷毛示例图　　　　　　图 2.4.1-4　墙面喷毛完成效果

（5）对于混凝土小型空心砌块砌体和混凝土多孔砖砌体的基层，应将基层表面的尘土、污垢、油渍等清扫干净，并不得浇水润湿。

（6）采用聚合物水泥抹灰砂浆时，基层应清理干净，可不浇水润湿。

（7）采用石膏抹灰砂浆时，基层可不进行界面增强处理，应浇水润湿。

4.1.2　内墙抹灰时，应先吊垂直、套方、找规矩、做灰饼，并应符合下列规定：

图 2.4.1-5　墙面直接喷浆抹灰（聚合物水泥抹灰砂浆）

（1）应根据设计要求和基层表面平整垂直情况，用一面墙做基准，墙体定位控制线校核，进行吊垂直、套方、找规矩，并应经检查后再确定抹灰厚度，抹灰厚度不宜小于5mm。

图 2.4.1-6　墙体 30 控制线　　　　图 2.4.1-7　检查垂直度，确定灰饼厚度

（2）当墙面凹度较大时，应分层衬平，每层厚度不应大于7～9mm。

（3）抹灰饼时，应根据室内抹灰要求确定灰饼的正确位置，并应先抹上部灰饼，再抹下部灰饼，然后用靠尺板检查垂直与平整。灰饼宜用 M15 水泥砂浆抹成 50mm 方形。

 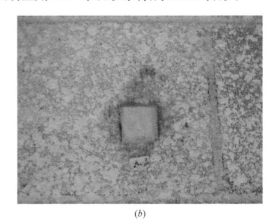

（a）　　　　　　　　　　　　　（b）

图 2.4.1-8　依据控制线找方，抹出灰饼厚度

4.1.3　墙面冲筋（标筋）应符合下列规定：

（1）当灰饼砂浆硬化后，可用与抹灰层相同的砂浆冲筋。

（2）冲筋根数应根据房间的宽度和高度确定。当墙面高度小于 3.5m 时，宜做立筋，两筋间距不宜大于 1.5m；墙面高度大于 3.5m 时，宜做横筋，两筋间距不宜大于 2m。

4.1.4　大面积抹灰前，先在现场制作抹灰样板，样板验收合格后再进行大面积抹灰施工。

4.1.5　内墙抹灰应符合下列规定：

（1）冲筋 2h 后，可抹底灰。

（2）应先抹一层薄灰，并应压实、覆盖整个基层，待前一层六七成干时，再分层抹灰、找平。抹第一层（底层）砂浆时，抹灰层不宜太厚，但需覆盖整个基层并要压实，保

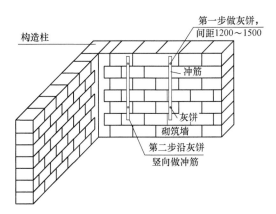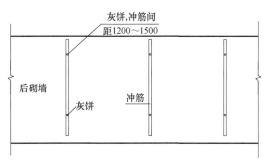

图 2.4.1-9　抹灰冲筋示意

证砂浆与基层粘结牢固。两层抹灰砂浆之间的时间间隔是保证抹灰层粘结牢固的关键因素：时间间隔太长，前一层砂浆已硬化，后一层抹灰层收缩产生裂缝，而且前后两层砂浆易分层；时间间隔太短，前一层砂浆还在塑性阶段，涂抹后一层砂浆时会扰动前一层砂浆，影响其与基层的粘结强度，而且前一层砂浆的水分难挥发，不但影响下一道工序的施工，还可能在砂浆层中留下空隙，影响抹灰层质量，因此规定应待前一层六七成干时最佳。根据施工经验，六七成干时，即用手指按压砂浆层，有轻微压痕但不粘手。

图 2.4.1-10　抹灰冲筋实例

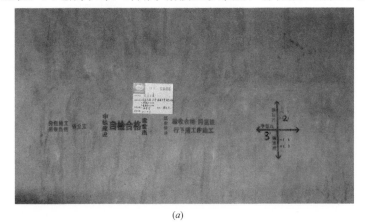

(a) (b)

图 2.4.1-11　抹灰样板验收

4.1.6　细部抹灰应符合下列规定：

（1）《抹灰砂浆应用技术规程》中规定：墙、柱间的阳角应在墙、柱抹灰前，用 M20 以上的水泥砂浆做护角。自地面开始，护角高度不宜小于 1.8m，每侧宽度宜为 50mm。建议在人流量大、容易碰撞的部位进行暗护角处理。

图 2.4.1-12　按照标筋分层抹灰

图 2.4.1-13　墙面抹灰层刮平

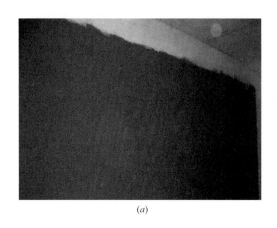

(a)

(b)

图 2.4.1-14　抹面层灰浆，用铁抹子压实、溜光

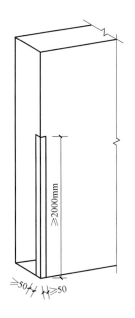

图 2.4.1-15　水泥砂浆抹灰暗护角示意图

图 2.4.1-16　不锈钢（明装）护角实例

【备注:《建筑装饰装修工程质量验收规范》GB 50210 第 4.1.9 条专门做了规定:室内墙面、柱面和门洞口的阳角做法应符合设计要求。设计无要求时,应采用 1:2 水泥砂浆做暗护角,其高度不应低于 2m,每侧宽度不应小于 50mm。】

图 2.4.1-17　抹灰阳角嵌铜条或塑料条保护(暗护角)

图 2.4.1-18　顶棚抹灰阴角

(2) 窗台抹灰时,应先将窗台基层清理干净,并应将松动的砖或砌块重新补砌好,再将砖或砌块灰缝划深 10mm,并浇水润湿,然后用 C15 细石混凝土铺实,且厚度应大于 25mm。24h 后,应先采用界面砂浆抹一遍或素水泥浆一道,厚度应为 2mm,然后再抹 M20 水泥砂浆面层。

(3) 抹灰前应对预留孔洞和配电箱、槽、盒的位置、安装进行检查,箱、槽、盒外口应与抹灰面齐平或略低于抹灰面。应先抹底灰,抹平后,应把洞、箱、槽、盒周边杂物清除干净,用水将周边润湿,并用砂浆把洞口、箱、槽、盒周边压抹平整、光滑。再分层抹灰,抹灰后,应把洞、箱、槽、盒周边杂物清除干净,再用砂浆抹压平整、光滑。

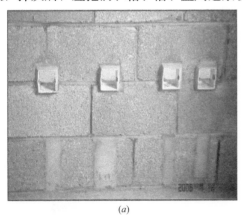

(a)

(b)

图 2.4.1-19　线盒外口与抹灰面齐平

(4) 水泥踢脚(墙裙)、梁、柱等应用 M20 以上的水泥砂浆分层抹灰。当抹灰层需具有防水、防潮功能时,应采用防水砂浆。

4.1.7　不同材质的基体交接处,应采取防止开裂的加强措施;当采用加强网时,每侧铺设宽度不应小于 100mm。

（1）混凝土与砌块交接处，应铺设钢板网固定，每侧宽度不应小于100mm。

（2）混凝土或砌块墙与轻质隔墙交接处，采用耐碱玻纤网格布，每侧不小于100mm。

【备注：不同材料基体交接处由于吸水和收缩性不一致接缝处表面的抹灰层容易开裂，因此应铺设网格布等进行加强，加强网应铺设在靠近基层的抹灰层中下部。】

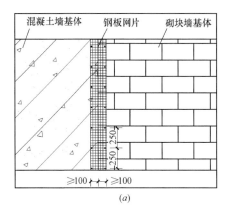 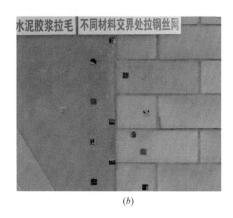

图2.4.1-20　不同材料基体交接处加强网设置示例

图2.4.1-21　内墙抹灰完成实例图

4.1.8　水泥砂浆抹灰层应在抹灰24h后进行养护。加强对水泥基抹灰砂浆的保湿养护，是保证抹灰层质量的关键步骤，经大量试验验证，经养护后的水泥基抹灰层粘结强度是未经养护的抹灰层强度的2倍以上，因此规定水泥基抹灰砂浆应保湿养护，养护时间不应少于7d。抹灰层在凝结前，应防止快干、水冲、撞击和振动。

4.2　外墙抹灰

4.2.1　外墙抹灰的基层处理方法与内墙抹灰基层处理方法一致，按内墙基层处理方法执行。

4.2.2　门窗框周边缝隙和墙面其他孔洞的封堵应符合下列规定：

（1）封堵缝隙和孔洞应在抹灰前进行。

（2）门窗框周边缝隙的封堵应符合设计要求，设计未明确时，可用M20以上砂浆封堵严实。

（3）封堵时，应先将缝隙和孔洞内的杂物、灰尘等清理干净，再浇水湿润，然后用C20以上混凝土堵严。

4.2.3　外墙抹灰前，应先吊垂直、套方、找规矩、做灰饼、冲筋，并应符合下列规定：

（1）外墙找规矩时，应先根据建筑物高度确定放线方法，然后按抹灰操作层抹灰饼。

（2）每层抹灰时应以灰饼做基准冲筋。

图 2.4.2-1 外墙抹灰贴饼冲筋

4.2.4 外墙抹灰前，先在现场制作抹灰样板，样板验收合格后再进行大面积抹灰施工。

4.2.5 外墙抹灰应在冲筋 2h 后再抹底灰，并应先抹一层薄灰，且应压实并覆盖整个基层，待前一层六七成干时，再分层抹灰、找平。每层每次抹灰厚度宜为 5～7mm，如找平有困难需增加厚度，应分层分次逐步加厚。抹灰总厚度大于或等于 35mm 时，应采取加强措施，并应经现场技术负责人认定。

4.2.6 外墙大面积抹灰时，应设置水平和垂直分格缝。水平分格缝的间距不宜大于 6m，垂直分格缝宜按墙面面积设置，且不宜大于 30m²。

【备注：《预拌砂浆应用技术规程》JGJ/T 2010 6.1.4 条条文解释：设置分格缝的目的是释放收缩应力，避免外墙大面积抹灰时引起的砂浆开裂。】

图 2.4.2-2 外墙抹灰样板示例

(a)

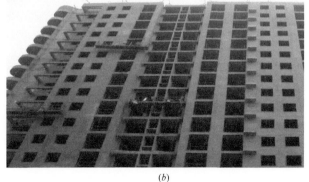

(b)

图 2.4.2-3 外墙面抹灰完成实例

4.2.7 弹线分格、粘分格条、抹面层灰时，应根据图纸和构造要求，先弹线分格、粘分格条，待底层七八成干后再抹面层灰。

23

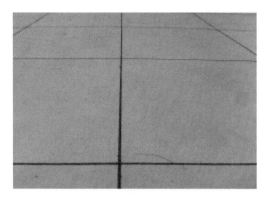

图 2.4.2-4 外墙抹灰分格缝示例

图 2.4.2-5 外墙分格缝清新、顺直

图 2.4.2-6 水泥砂浆涂料墙面色泽一致、线条顺直

图 2.4.2-7 墙面分格线条和谐、自然清晰

【备注：涂抹面层砂浆前应先弹线分格、粘分格条，待底层砂浆七八成干即接近完全硬化后，再抹面层灰。分格条宜采用红松制作，粘前应用水充分浸透，充分浸透可防止使用时吸水变形，并便于粘贴，起出时因水分蒸发分格条收缩也容易起出，且起出后分格条两侧的灰口整齐。现在工地现场多使用塑料条嵌入不在起出。粘分格条时应在条两侧用素水泥浆抹成八字形斜角，如当天抹面的分格条两侧八字形斜角宜抹成45°，如当天不抹面的"隔夜条"两侧八字形斜角宜抹成60°。水平分格条宜粘在水平线的下口，垂直分格条宜粘在垂线的左侧，这样易于观察，操作比较方便。】

图 2.4.2-8 外墙分格条安装

图 2.4.2-9 外墙分格条安装

图 2.4.2-10　外墙分格条安装

图 2.4.2-11　外墙分格条安装

(a)　　　　　　　　　　　　(b)

图 2.4.2-12　外墙面塑料线槽分格，有效预防了温度应力引起的开裂

墙面洁净、线条清晰；转角弧形通顺、自然、线条精美

4.2.8　细部抹灰应符合下列规定：

（1）在抹檐口、窗台、窗眉、阳台、雨篷、压顶和突出墙面的腰线以及装饰凸线时，应有流水坡度，下面应做滴水线（槽）不得出现倒坡。窗台口的抹灰层应深入窗框周边的缝隙内，并应堵塞密实。做滴水线（槽）时，应先抹立面，再抹顶面，后抹底面，并应保证其流水坡度方向正确。

（2）阳台、窗台、压顶等部位应用 M20 以上水泥砂浆分层抹灰。

图 2.4.2-13　阳台上翻梁设置内外排水坡

图 2.4.2-14　阳台下檐滴水线实例

图 2.4.2-15　窗眉 　　　图 2.4.2-16　室外滴水线 　　　图 2.4.2-17　室外窗眉
　　滴水线实例 　　　　实例（距墙 3～5cm） 　　　下口滴水线实例

图 2.4.2-18　室外阳台滴水线示例 　　　　图 2.4.2-19　楼梯间滴水线平直、美观

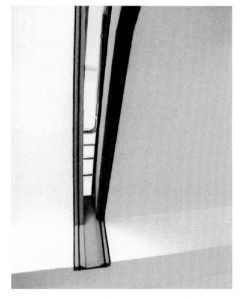

图 2.4.2-20　滴水线采用铜条镶嵌 　　　　图 2.4.2-21　滴水线采用塑料条镶嵌

4.2.9　水泥基抹灰砂浆凝结硬化后，应及时进行保湿养护，养护时间不应少于 7d。

4.2.10　用于外墙的抹灰砂浆宜掺加纤维等抗裂材料。外墙抹灰面积大，易开裂，纤维的掺入能提高抹灰砂浆抗裂性。

4.2.11 当抹灰层需具有防水、防潮功能时，应采用防水砂浆。

4.3 混凝土顶棚抹灰

4.3.1 混凝土顶棚抹灰前，应先将楼板表面附着的杂物清除干净，并应将基面的油污或脱模剂清除干净，凹凸处应用聚合物水泥抹灰砂浆修补平整或剔平。

【备注：经调研发现，在混凝土（包括预制混凝土）顶棚板基层上抹灰，由于各种因素的影响抹灰层脱落的质量事故时有发生，严重时会危及人身安全。根据北京的经验，为解决混凝土顶棚板基层表面上抹灰层易脱落的质量问题，抹灰层可采用聚合物抹灰砂浆或石膏抹灰砂浆，实践证明这种方法效果良好。由于聚合物抹灰砂浆、石膏抹灰砂浆具有良好的粘结性能，也适用于混凝土板和墙及加气混凝土砌块和板表面的抹灰。抹灰层出现开裂、空鼓和脱落等质量问题的主要原因之一是基层表面不干净，如：基层表面附着的灰尘和疏松物、脱模剂和油漆等，这些杂物不彻底清除干净会影响抹灰层与基层的粘结。因此，顶棚抹灰前应将楼板表面清除干净，凡凹凸度较大处，应用聚合物水泥抹灰砂浆修补平整或剔平。】

4.3.2 抹灰前，应在四周墙上弹出水平线作为控制线，先抹顶棚四周，再圈边找平。

4.3.3 预制混凝土顶棚抹灰厚度不宜大于10mm；现浇混凝土顶棚抹灰厚度不宜大于5mm。顶棚抹灰层不宜太厚，太厚易出现开裂、空鼓和脱落等现象，预制混凝土板顶棚基体平整度较差，规定抹灰厚度不宜大于10mm；现浇混凝土顶棚基体平整度较好，规定抹灰厚度不宜大于5mm。

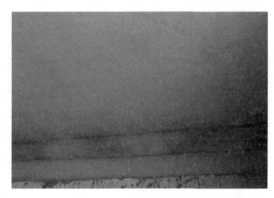

图2.4.3 顶棚抹灰实例图

4.3.4 混凝土顶棚找平、抹灰，抹灰砂浆应与基体粘接牢固，表面平顺。外墙和顶棚的抹灰层与基层之间及各抹灰层之间必须粘结牢固。

4.4 季节性施工要求

4.4.1 室内抹灰的环境温度不应低于5℃。抹灰前，应将门口和窗口、外墙脚手眼或孔洞等封堵好，施工洞口及楼梯间等处应封闭保湿。

4.4.2 砂浆应在搅拌棚内集中搅拌，并应随用随拌，运输过程中应进行保温。砂浆抹灰层硬化初期不得受冻，气温低于5℃时，室外抹灰所用的砂浆可掺入能降低冻结温度的防冻剂，规定抹灰施工时环境温度不宜低于5℃。

4.4.3 室内抹灰工程结束后，在7d以内应保持室内温度不低于5℃。当采用热空气或带烟囱的火炉加温时，放置于房间中央确保各墙面受热均匀，变形一致，应注意通风，排除湿气。当抹灰砂浆中掺入防冻剂时，温度可相应降低。

4.4.4 室外抹灰采用冷作法施工时，可使用掺防冻剂水泥砂浆或水泥混合砂浆。

4.4.5 含氯盐的防冻剂不宜用于有高压电源部位和有油漆墙面的水泥砂浆基

层内。

4.4.6 砂浆防冻剂的掺量应按使用温度与产品说明书的规定经试验确定。当采用氯化钠作为砂浆防冻剂时，其掺量可按表2.4.4-1选用。当采用亚硝酸钠作为砂浆防冻剂时，其掺量可按表2.4.4-2选用。

砂浆内氯化钠掺量　　　　　　　　表2.4.4-1

室外气温(℃)		0～—5	—5～—10
氯化钠掺量(占拌合水质量百分比,%)	挑檐、阳台、雨罩、墙面等抹水泥砂浆	4	4～8
	墙面为水刷石、干粘石水泥砂浆	5	5～10

砂浆内亚硝酸钠掺量　　　　　　　　表2.4.4-2

室外温度(℃)	0～—3	—4～—9	—10～—15	—16～—20
亚硝酸钠掺量(占水泥质量百分比,%)	1	3	5	8

4.4.7 当抹灰基层表面有冰、霜、雪时，可采用与抹灰砂浆同浓度的防冻剂溶液冲刷，并应清除表面的尘土。冬季环境温度低，水分挥发慢，抹灰层施工完后，一般不需要浇水养护。

4.4.8 湿拌抹灰砂浆冬期施工时，应适当缩短砂浆凝结时间，但应经试配确定。湿拌砂浆的储存容器应采取保温措施。

4.4.9 寒冷地区不宜进行冬期施工。温度太低砂浆中水泥不能止常凝结，寒冷地区冬季温度一般都低于0℃，因此不宜进行抹灰施工。

4.4.10 雨天不宜进行外墙抹灰，施工时，应采取防雨措施，且抹灰砂浆凝结前不应受雨淋。

4.4.11 在高温、多风、空气干燥的季节进行室内抹灰时，宜对门窗进行封闭。

4.4.12 夏季施工时，抹灰砂浆应随拌随用，抹灰时应控制好各层抹灰的间隔时间。当前一层过于干燥时，应先洒水润湿，再抹第二层灰。夏季气温高于30℃时，外墙抹灰应采取遮阳措施，并应加强养护。

5 抹灰工程的质量查验标准

5.1 质量验收

5.1.1 抹灰工程验收时应检查下列文件和记录：
（1）工程施工图、设计说明和其他设计文件。
（2）原材料的产品合格证书和性能检测报告、进场验收记录和复验报告。
（3）隐蔽工程验收记录。
（4）砂浆配合比报告及试块抗压强度检验报告。
（5）外墙及顶棚抹灰层拉伸粘结强度检测报告。

（6）抹灰工程施工记录。

5.1.2 抹灰工程验收前，各检验批应按下列规定划分：

（1）相同砂浆品种、强度等级、施工工艺的室外抹灰工程，每 1000m² 应划分为一个检验批，不足 1000m² 的，也应划分为一个检验批。

（2）相同砂浆品种、强度等级、施工工艺的室内抹灰工程，每 50 个自然间（大面积房间和走廊按抹灰面积 30m² 为一间）应划分为一个检验批，不足 50 间也应划分为一个检验批。

5.1.3 每个检验批的检查数量应符合下列规定：

（1）室内每个检验批应至少抽查 10%，并不得少于 3 间；不足 3 间时应全数检查。

（2）室外每个检验批每 100² 应至少抽查一处，每处不得小于 10m²。

5.1.4 砂浆抗压强度试块应符合下列规定：

（1）砂浆抗压强度验收时，同一验收批砂浆试块不应少于 3 组。

（2）砂浆试块应在使用地点或出料口随机取样，砂浆稠度应与试验室的稠度一致。

（3）砂浆试块的养护条件应与试验室的养护条件相同。

5.1.5 抹灰层拉伸粘结强度检测时，相同砂浆品种、强度等级、施工工艺的外墙、顶棚抹灰工程每 5000m² 应为一个检验批，每个检验批应取一组试件进行检测，不足 5000m² 的也应取一组。

图 2.5.2 墙面空鼓检查实例

5.2 主控项目

5.2.1 抹灰层与基层之间及各抹灰层之间应粘结牢固，抹灰层应无脱层，空鼓面积不应大于 0.04m²，面层应无爆灰和裂缝。

检查方法：观察；用小锤轻击。

5.2.2 同一检验批的抹灰层拉伸粘结强度平均值应大于或等于表 2.5.2 中的规定值，且最小值应大于或等于表 2.5.2 规定值的 75%。当同一验收批抹灰层拉伸粘结强度试验少于 3 组时，每组试件拉伸粘结强度均应大于或等于表 2.5.2 中规定值。

检查方法：检查抹灰层拉伸粘结强度实体检测记录。

抹灰层拉伸粘结强度的规定值　　　　　　　　　　　　　　　表 2.5.2

抹灰砂浆品种	拉伸粘结强度（MPa）
水泥抹灰砂浆	0.20
水泥粉煤灰抹灰砂浆、水泥石灰抹灰砂浆、掺塑化剂水泥抹灰砂浆	0.15
聚合物水泥抹灰砂浆	0.30
预拌抹灰砂浆	0.25

5.2.3 同一检验批的砂浆试块抗压强度平均值应大于或等于设计强度等级值，且抗

压强度最小值应大于或等于设计强度等级值的 75%。当同一检验批试块少于 3 组时，每组试块抗压强度均应大于或等于设计强度等级值。

检查方法：检查砂浆试块强度试验报告。

5.2.4 当内墙抹灰工程中抗压强度检验不合格时，应在现场对内墙抹灰层进行拉伸粘结强度检测，并应以其检测结果为准。当外墙或顶棚抹灰施工中抗压强度检验不合格时，应对外墙或顶棚抹灰砂浆加倍取样进行抹灰层拉伸粘结强度检测，并应以其检测结果为准。

5.3 一般项目

5.3.1 抹灰工程的表面质量应符合下列规定：

（1）普通抹灰表面应光滑、洁净、接槎平整、阴阳角顺直，设分格缝时，分格缝应清晰。

（2）高级抹灰表面应光滑、洁净、无接槎痕、阴阳角挺直，颜色均匀，设分格缝时，分格缝的边界线应清晰美观。

检查方法：观察，手摸检查，尺量检查。

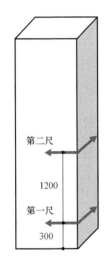

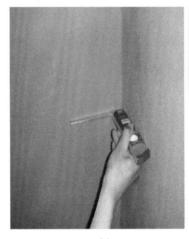

(a)　　　　　　　(b)

图 2.5.3-1　阴阳角方　　　　图 2.5.3-2　检查阴角和阳角实例图
正测量示意图

5.3.2 护角、孔洞、槽盒周围及与各构件交接处的墙面抹灰表面应整齐、光滑，管道后面的抹灰表面应平整。

检查方法：观察。

5.3.3 有排水要求的部位应做滴水线（槽），屋面女儿墙压顶应做水流向内的排水坡。滴水线（槽）应整齐顺直、内高外低，滴水槽的宽度和深度均不应小于 10mm。

检查方法：观察，尺量检查。

5.3.4 分格缝的设置应符合设计规定，宽度和深度应均匀一致，表面应光滑密实，棱角应完整。

检查方法：观察，尺量检查。

5.3.5 不同材料的基体交接处加强网与各基体的搭接宽度不应小于100mm。
检查方法：检查隐蔽工程验收记录。
5.3.6 抹灰工程质量的允许偏差和检验方法应符合表2.5.3的规定。

图2.5.3-3 女儿墙压顶排水坡度

图2.5.3-4 女儿墙下口鹰嘴滴水线

图2.5.3-5 屋檐滴水线

图2.5.3-6 屋檐鹰嘴滴水线实例

抹灰工程质量的允许偏差和检验方法   表2.5.3

序号	项目	允许偏差（mm）		检验方法
		普通抹灰	高级抹灰	
1	立面垂直度	4	3	用2m垂直检测尺检查
2	表面平整度	4	3	用2m靠尺和塞尺检查
3	阴阳角方正	4	3	用直角检测尺检查
4	分格条(缝)直线度	4	3	拉5m线,不足5m拉通线,用钢直尺检查
5	墙裙、勒脚上口直线度	4	3	拉5m线,不足5m拉通线,用钢直尺检查

注：1. 普通抹灰，表中第三项阴阳角方正可不检查。
　　2. 顶棚抹灰，表中第二项表面平整度可不检查，但应平顺。

 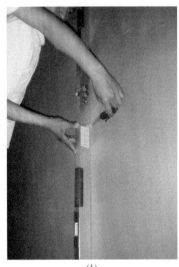 

(a)　　　　　　　　　　　　　(b)　　　　　　　　　　　　　(c)

图 2.5.3-7　检查垂直度和平整度

第3章 门窗工程

1 门窗施工主要相关规范标准

本条所列的是与门窗工程施工相关的主要国家和行业标准，也是项目部必须配置的，且在施工中经常查看的规范标准。地方标准由于各地要求不一致，未进行列举，但在各地施工时必须参考。

《建筑装饰装修工程质量验收规范》GB 50210

《住宅装饰装修工程施工规范》GB 50327

《建筑工程施工质量验收统一标准》GB 50300

《民用建筑工程室内环境污染控制规范》GB 50325

《室内装饰装修材料　人造板及其制品中甲醛释放限量》GB 18580

《室内装饰装修材料胶粘剂中有害物质限量》GB 18583

《建筑内部装修防火施工及验收规范》GB 50354

《建筑设计防火规范》GB 50016

《高层民用建筑设计防火规范》GB 50045

《建筑内部装修设计防火规范》GB 50222

《民用建筑热工设计规范》GB 50176

《公共建筑节能设计标准》GB 50189

《塑料门窗工程技术规程》JGJ 103

《铝合金门窗工程技术规范》JGJ 214

《城市道路和建筑物无障碍设计规程》JGJ 50

《防盗安全门通用技术条件》GB 17565

《防火门》GB 12955

《防火窗》GB 16809

《铝合金门窗》GB/T 8478

《防火卷帘》GB 14012

《防盗安全门通用技术条件》GB 17565

《钢门窗》GB/T 20909

《建设工程文件归档整理规范》GB/T 50328

《门、窗用未增塑聚氯乙烯（PVC-U）型材》GB/T 8814

《平板玻璃》GB/T 11614

《中空玻璃》GB/T 11944

《硅酮建筑密封胶》GB/T 14683

《建筑门窗、幕墙用密封胶条》GB/T 24498

《建筑木门、木窗》JG/T 122

《木门窗》03J601-2

《防火门窗》03J609

《铝合金节能门窗》03J603-2

2 门窗工程强制性条文

2.1 《建筑装饰装修工程质量验收规范》GB 50210—2001 强制性条文

（第 5.1.11 条）建筑外门窗的安装必须牢固。在砌体上安装门窗严禁用射钉固定。

2.2 《住宅装饰装修工程施工规范》GB 50327—2001 强制性条文

（第 10.1.6 条）推拉门窗扇必须有防脱落措施，扇与框的搭接量应符合设计要求。

2.3 《建筑设计防火规范》GB 50016—2006 强制性条文

（第 7.4.7 条）疏散用的门不应采用侧拉门（库房除外），严禁采用转门。

2.4 《高层民用建筑设计防火规范》GB 50045—2005 强制性条文

（第 6.1.16 条）高层建筑的公共疏散门均应向疏散方向开启，且不应采用侧拉门、吊门和转门。自动启闭的门应有手动开启装置。

（第 6.2.2.2 条）楼梯间应设乙级防火门，并应向疏散方向开启。

2.5 《城市道路和建筑物无障碍设计规程》JGJ 50—2001 强制性条文

（第 7.4.1 条）供残疾人使用的门应符合下列要求：

（1）乘轮椅者开启的门扇，应安装视线观察玻璃、横把执把手和关门拉手，在门扇的下方应安装高 0.35m 的护门板；

（2）门扇在一只手操纵下应易于开启，门槛高度及门内外地面高差不应大于 15mm，并应以斜面过渡。

2.6 《铝合金门窗工程技术规范》JGJ 214—2010 强制性条文

（1）（第 3.1.2 条）铝合金门窗主型材的壁厚应经计算或实验确定，除压条、扣板等需要弹性装配的型材外，门用主型材主要受力部位基材截面最小实测壁厚不应小于 2.0mm，窗用主型材主要受力部位基材截面最小实测壁厚不应小于 1.4mm。

（2）（第 4.12.1 条）人员流动性大的公共场所，易于受到人员和物体碰撞的铝合金门窗应采用安全玻璃。

（3）（第 4.12.2 条）建筑物中下列部位的铝合金门窗应使用安全玻璃：

① 七层及七层以上建筑物外开窗；

② 面积大于 1.5m² 的窗玻璃或玻璃底边离最终装修面小于 500mm 的落地窗；

③ 倾斜安装的铝合金窗。

（4）（第4.12.4条）铝合金推拉门、推拉窗的扇应有防止从室外侧拆卸的装置。推拉窗用于外墙时，应设置防止窗扇向室外脱落的装置。

2.7 《塑料门窗工程技术规程》JGJ 103—2008 强制性条文

（1）（第3.1.2条）门窗工程有下列情况之一时，必须使用安全玻璃：

① 面积大于1.5m² 的窗玻璃；

② 距离可踏面高度900mm 以下的窗玻璃；

③ 与水平面夹角不大于75°的倾斜窗，包括天窗、采光顶等在内的顶棚；

④ 7层及7层以上建筑外开窗。

（2）（第6.2.23条）安装滑撑时，紧固螺钉必须使用不锈钢材质，并应与框扇增强型钢或内衬局部加强钢板可靠连接。螺钉与框扇连接处应进行防水密封处理。

（3）（第7.1.2条）安装门窗、玻璃或擦拭玻璃时，严禁手攀窗框、窗扇、窗樘和窗撑；操作时，应系好安全带，且安全带必须有坚固牢靠的挂点，严禁把安全带挂在窗体上。

3 门窗工程材料的现场管理

3.1 门窗工程材料管理

3.1.1 门窗工程采用的材料或产品应符合设计要求和国家现行有关标准的规定。严禁使用国家明令淘汰的材料。

3.1.2 门窗材料进场时应对品种、规格、外观和尺寸进行验收。材料包装应完好，应有产品合格证书、中文说明书及相关性能的检测报告；进口产品应按规定进行商品检验（GB 50210—3.2.4）。特种门除以上资料外，还应提供相应的生产许可文件。

【备注："质量合格证明文件"是指：随同进场材料或产品一同提供的、有效的中文质量状况证明文件。通常包括型式检验报告、出厂检验报告、出厂合格证等。进口产品还应包括出入境商品检验合格证明。】

3.1.3 门窗、玻璃、五金件、密封材料等应按设计要求选用，并应有产品合格证书。

3.1.4 进口木材、木产品、金属型材、玻璃、构配件、五金件，以及金属连接件等，应有产地国的产品质量合格证书和产品标识，并应符合合同技术条款的规定。

3.1.5 门窗材料进场检查验收，要由项目部专业工程师负责组织质检员、试验员、材料员以及监理共同参加的联合检查验收，检查内容包括：门窗的品种、规格、开启方向、平整度等应符合国家现行有关标准规定，附件应齐全；另外还需检查产品的材质、数量、外观质量、产品出厂合格证及其他应随产品交付的技术资料是否符合要求（并根据检测报告机构预留电话及时查验技术资料真伪），有无破损、变形等现象。

3.1.6 原则上门窗材料应根据现场施工进度及时进场，进场后根据门窗编号及时摆放在指定门窗洞口，各工种间交接完毕后，立即将门窗安装到位。门窗材料避免长期堆放，防止现场损坏。

3.1.7 门窗材料如无法及时安装时，应堆放在室内干燥、平整的库房内，并由库管员进行统一管理。

（1）木门窗室内存放应根据产品特点采取水平码放或专用货架立式置放，地面应加垫木，室内保持干燥、通风，防止产品受潮变形。木门窗应采取措施防止受潮、碰伤、污染与暴晒。

（2）金属门窗无法及时运送至室内时，在室外放置应码放在固定架上并做好材料覆盖、围挡工作，防止暴晒、雨淋、磕碰及丢失。

（3）塑料门窗应防止在洁净、平整的地方，且应避免日晒雨淋，不应直接接触地面，下部应放置垫木，且均应立放；塑料门窗与地面所成角度不应小于70°，并应采取防倾倒措施。贮存的环境温度小于50℃；与热源的距离不应小于1m。当在环境温度为0℃的环境中存放时，安装前应在室温下放置24h。

3.1.8 铝合金、塑料门窗运输时应竖立排放并固定牢靠。樘与樘间应用软质材料隔开，防止相互磨损及压坏玻璃和五金件。

3.1.9 对于需要先复试后使用的产品，由项目试验员严格按照相关规定进行取样，送试验室复验，材料复试合格后方可使用。专业工程师对材料的抽样复试工作要进行检查监督。

3.1.10 在进行材料的检验工作完成后，相关的内业工作（产品合格证、试验报告等质量证明文件）要及时收集、整理、归档。

3.2 门窗工程材料检验

3.2.1 门窗材料进场后需要进行复验的材料种类及项目应符合《建筑装饰装修工程质量验收规范》GB 50210—2001第5章的相关规定。同一厂家生产的同一品种、同一类型的进场材料应至少抽取一组样品进行复验，当合同另有约定时应按合同执行。门窗工程应对下列材料及其性能指标进行复验：

（1）人造木板的甲醛含量；

（2）建筑外墙金属窗、塑料窗的抗风压性能、空气渗透性能和雨水渗漏性能。

3.2.2 门窗材料应符合国家有关建筑装饰装修材料有害物质限量标准的规定（GB 50210—3.2.3）。民用建筑工程根据控制室内环境污染的不同要求，划分为以下两类：

（1）Ⅰ类民用建筑工程：住宅、医院、老年建筑、幼儿园、学校教室等民用建筑工程；

（2）Ⅱ类民用建筑工程：办公楼、商店、旅馆、文化娱乐场所、书店、图书馆、展览馆、体育馆、公共交通等候室、餐厅、理发店等民用建筑工程。

3.2.3 特种门应安装相应国家规范要求进行防火性能、隔声、防辐射等特种性能要求进行检测。

3.3.4 外门窗使用的硅酮结构密封胶应按照相应规范进行材料复试。

4 门窗工程的操作要求

4.1 一般技术要求

4.1.1 门窗安装前，应对门窗洞口尺寸进行检验，除检查单个门窗洞口尺寸外，还应对能够通视的成排或成列的门窗洞口进行目测或拉通线检查；如果发现明显偏差，应向有关管理人员反映，采取相应的处理措施；外门窗洞口预留尺寸偏差须控制±5mm，包括砌体与结构洞口。门窗的安装应在洞口尺寸检验合格，并办好工种间交接手续后方可进行。

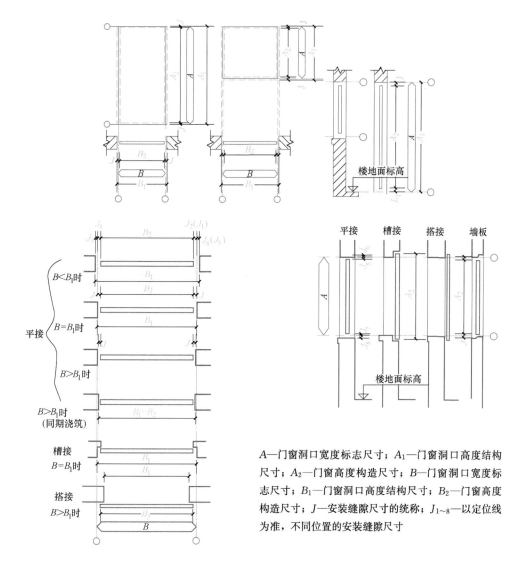

楼地面标高

平接　槽接　搭接　墙板

楼地面标高

A—门窗洞口宽度标志尺寸；A_1—门窗洞口高度结构尺寸；A_2—门窗高度构造尺寸；B—门窗洞口宽度标志尺寸；B_1—门窗洞口高度结构尺寸；B_2—门窗高度构造尺寸；J—安装缝隙尺寸的统称；$J_{1\sim8}$—以定位线为准，不同位置的安装缝隙尺寸

图 3.4.1-1　门窗洞口定位线示意图

4.1.2　门窗主要受力杆件内衬增强型钢的惯性矩应满足受力要求，增强型钢应与型材内腔紧密吻合。

4.1.3　门窗安装应采用预留洞口的施工方法，不得采用边安装边砌口或先安装后砌口的施工方法。

4.1.4　建筑外门窗的安装必须牢固，在砖砌体上安装门窗严禁用射钉固定。

4.1.5　由单樘窗拼接而成的组合窗，拼接方式应符合设计要求，拼接处应考虑窗的伸缩变位。组合门窗洞口应在拼樘料的对应位置设置拼樘料连接件或预留洞。

4.1.6　轻质砌块或加气混凝土墙洞口应在门窗框与墙体的连接部位设置预埋件或设置混凝土浇筑的抱框。当外墙为砌体时，砌筑时须在门窗洞两侧预埋为安装门窗用的混凝土（C20）块，以便固定门窗框（或副框）。混凝土块宽度同墙厚，高度应与砌块同高或砌块高度的 1/2 且不小于 100mm，长度不小于 100mm，最上部（或最下部）的混凝土块中心距洞口上下边的距离为 150～200mm，其余部位的中心距不大于 400mm（略高于国家规范），且均匀分布。外门窗洞口的宽度大于或等于 2m 时洞口两侧应设置钢筋混凝土边框或壁柱。

图 3.4.1-2　木门窗洞口预埋混凝土块示例图

图 3.4.1-3　木门窗洞口制作混凝土抱框示例图

4.1.7　弹簧门应选用地弹簧，也可选用液压闭门器，在楼层采用地弹簧时要注意楼地面面层厚度，需大于地弹簧厚度，方可埋设。

4.2　木门窗制作与安装

根据实际施工情况，现绝大多数施工现场采用成品木门窗进行安装，施工现场制作木门窗并涂刷油漆的工程越来越少，因此以下仅针对成品木门窗施工进行介绍。

图 3.4.1-4　金属地弹簧门示例图

4.2.1　一般要求

（1）在木门窗的结合处和安装五金配件处，均不得有木节或已填补的木节。

（2）门窗框安装前应校正方正，加钉必要拉条避免变形。安装门窗框时，每边固定点不得少于两处，其间距不得大于 1.2m。

（3）木门窗用玻璃均为厚度不小于 5mm 的钢化玻璃或夹层玻璃，窗用玻璃可为 4mm 厚玻璃。但落地窗玻璃及每块面积大于 0.5m² 的玻璃必须采用钢化玻璃或夹层玻璃。

（4）夹板门在安装门锁处，须在门扇局部附加实木框料，并应避开边梃与中梃结合处安装。门锁安装处也不应有边梃的指接接头。

（5）木门窗与砖石砌体、混凝土或抹灰层接触处应进行防腐处理并应设置防潮层；埋入砌体或混凝土中的木砖应进行防腐处理。

（6）门套安装时，立梃与地面接触的端部要做防潮处理（涂刷沥青漆或包防水胶带），安装后外接缝处打密封胶，潮湿部位应作重点保护。

（7）用于学校教室、医院病房、手术、治疗室及其他公共场所的木门，应在门扇的中部及下部增设金属护板。

图 3.4.2-1　门扇中部增加金属护板　　　　图 3.4.2-2　门扇底部增加金属护板

4.2.2　成品木门安装流程示意

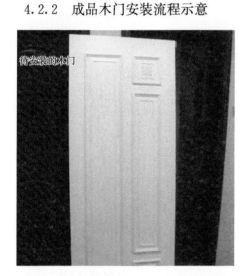 

图 3.4.2-3　木门材料准备示例图 1（门扇）　　图 3.4.2-4　木门材料准备示例图 2（门套和角线）

图 3.4.2-5　防撞条安装示例图　　　　　　图 3.4.2-6　挡门条固定示例图

图 3.4.2-7　门套组装示例图

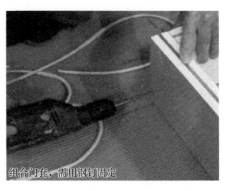

图 3.4.2-8　门套固定示例图

图 3.4.2-9　组装完毕的门套示例图

图 3.4.2-10　门套就位示例图

图 3.4.2-11　门套调整示例图

图 3.4.2-12　门套与墙体固定示例图

40

4.2.3 成品木门窗安装

（1）鉴于成品木门工厂化产品的规范性，要求在门窗洞口抹灰修整后进行门窗套和门窗扇的安装，所以对门窗洞口的抹灰要求比较严格；抹灰层厚度应控制为 10mm，抹灰修整后的净宽度应为洞口宽度减 20mm，净高度应为洞口高度减 10mm。

洞口处安装门窗套的墙面部位须做整平处理，清除墙面表层的灰渣、涂料、油漆污垢，露出水泥砂浆层；轻钢龙骨墙体应在洞口附近增加一层 9cm 夹板。

图 3.4.2-13 木门安装示例图

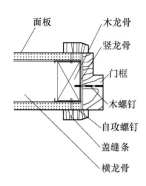

图 3.4.2-14 洞口≤1200 门框做法

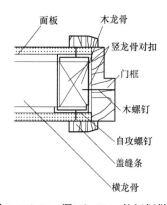

图 3.4.2-15 洞口＞1200 的门框做法

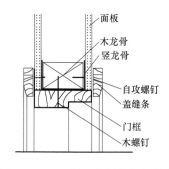

图 3.4.2-16 洞口上侧的门框做法

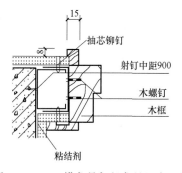

图 3.4.2-17 横龙骨与竖龙骨组合立柱

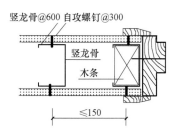

图 3.4.2-18 适用于重量小于 25kg 的门

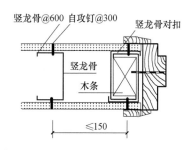

图 3.4.2-19 适用于重量小于 50kg 的门

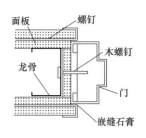

图 3.4.2-20 门框处做法

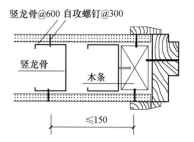

图 3.4.2-21 门框处做法

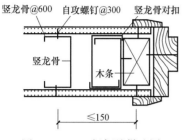

图 3.4.2-22 门框处做法图

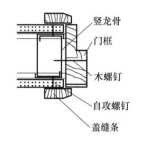

图 3.4.2-23 洞口<1000 的门框做法

（2）门窗套安装时，与墙体之间必须用木楔支撑塞紧，门窗套应保证水平、垂直。

（3）门窗框需镶门窗套饰线时，门窗框应凸出墙面，凸出的厚度应等于抹灰层或装饰面层的厚度。门窗套饰线与墙面应粘结严密、牢固，不允许歪斜、松动，饰线 45°角对接处应平齐、严密无缝、无错台；齐顶饰线应严密、无缝，立饰线与上饰线高低错台 3mm。一般情况下，带有造型的门窗套饰线应采用 45°角对接，平板门窗套饰线宜采用齐顶式安装。

图 3.4.2-24 门窗套饰线两种安装方式示例图

图 3.4.2-25 门窗框交接严密示例图

（4）门扇安装

1）复核门扇尺寸，明确开启方向、锁孔位置，分清上下梃及带百叶门内外方向；将门扇试装入门套内，用木楔垫起，离地 5～8mm，调整门扇水平、垂直方向间隙。

2）确定合页安装部位；上下合页距门窗扇上下端宜分别取立梃高度的 1/10 处，并应避开上、下冒头；合页槽的深度以合页的单片厚度为宜，工厂可预先开合页槽；安装合页，要用与合页配套的螺钉，螺钉要用螺丝刀拧紧，不能直接用榔头将螺钉打入，门扇上的合页固定好后，门套上的合页要先只拧上一颗螺钉，然后关门检查门的左右和上面的缝隙是否一致，开启是否灵活，确认无误后，再将其他的螺钉拧紧。

门扇高度≤2400mm，质量较重的门要装 3 个合页，中间合页宜安装在门扇高度的 0.618 倍高度（或者居中安装）；门扇高度＞2400mm，质量特别重的门可以安装 4 个合页，中间合页安装高度应等距。

图 3.4.2-26　木门合页槽制作示例图 1

图 3.4.2-27　木门合页槽制作示例图 2

图 3.4.2-28　木门合页槽制作示例图 3

图 3.4.2-29　木门合页木螺钉安装方向一致示例图

图 3.4.2-30　木门三个合页安装示例图

3）门锁孔距地面完成面 1000mm 或按设计要求并避开在边梃与中梃结合处安装；窗拉手距地面宜为 1.5～1.6m，门拉手距地面宜为 0.9～1.05m。门锁五金检验标准 Q/HTL 007—2009/06。

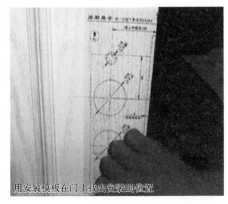
用安装模板在门上找出安装的位置
图 3.4.2-31　木门门锁安装示例图 1

在标记的位置钻锁孔
图 3.4.2-32　木门门锁安装示例图 2

图 3.4.2-33　木门门锁安装示例图 3　　　　图 3.4.2-34　木门门锁安装示例图 4

4）五金配件安装均应用木螺钉固定，不准用钉子代替。安装时严禁全部打入，允许先钻孔 1/3 深度（硬木应钻 2/3 深度），孔径应略小于木螺钉直径（0.9 倍），拧入木螺钉不允许歪斜。

5）校正门窗套水平度、垂直度及对角线偏差符合规范要求后，采用专用的铝方通工装及木龙骨横支撑杆将门窗套立梃撑紧，为防止冒头下垂，在冒头和横支撑杆之间加一立支撑杆；在门套锁口和合页位置，避开安装螺丝孔位，用木螺钉将门套立梃和预埋木砖固定，以防止膨胀胶膨胀后引起门套变形；将胶枪喷胶嘴由门窗套与墙体之间缝隙插入，在距立梃边缘 25～30mm 处自上而下间断注入膨胀胶，保证留缝间隙内胶柱断续均匀；在门套两侧肩部交角及合页、锁位置处注胶量要充足并能充分发泡；打胶 8 小时后膨胀胶充分发泡固化方可拆卸工装。

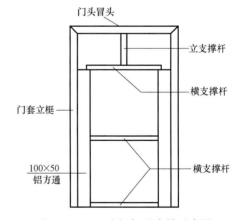

图 3.4.2-35　木门门锁安装示例图 6　　　　图 3.4.2-36　木门加固支撑示意图

6）木门其他五金件安装：双开木门窗固定扇应安装上下插销，双开门固定扇下口还应该安装防尘筒；如设计要求，特殊房间普通木门需安装闭门器（明装闭门器、暗装闭门器）、顺位器；公建公共区域木门通常需要安装大拉手等。

（5）窗扇安装

按照推拉窗套配合尺寸及包装标签上注明的产品尺寸复核推拉窗外形尺寸，将窗扇试装入窗套内，确定下滑轨、下滑轮安装部位，安装推拉窗，要求推拉窗扇与窗套之间的配合间隙必须符合安装规定。

图 3.4.2-37　木门明装闭门器示例图

图 3.4.2-38　木门上插销示例图

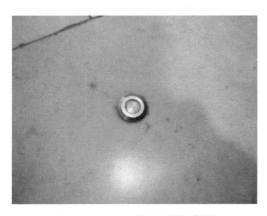

图 3.4.2-39　木门防尘筒示例图

图 3.4.2-40　木门大拉手示例图

图 3.4.2-41　木门示例图 1

图 3.4.2-42　木门示例图 2

4.3　金属门窗安装工程

根据实际施工需要，装修工程现涉及的金属门窗安装工程主要包括铝合金门窗，因此以下主要介绍铝合金门窗安装。钢门窗、涂色镀锌钢板门窗参照铝合金门窗进行施工。

4.3.1 一般要求

（1）金属门窗选用的零附件及固定件，除不锈钢外均应经防腐蚀处理。

（2）当金属窗或塑料窗组合时，其拼樘料的尺寸、规格、壁厚应符合设计要求。拼樘料与门窗框之间的拼接应为插接，插接深度不小于10mm。

（3）应对金属门窗各类拼樘料、中梃、横档、转角拼接料等细部防水节点优化设计，并绘制加工、制作、拼接节点的详图。

（4）门窗装入洞口应横平竖直，严禁将门窗框直接埋入墙体。

（5）密封条安装时应留有比门窗的装配边长20～30mm的余量，转角处应斜面断开，并用胶粘剂粘贴牢固，避免收缩产生缝隙。

（6）门窗框与墙体间缝隙不得用水泥砂浆填塞，应采用弹性材料填嵌饱满，表面应用密封胶密封。

（7）施工前编制《门窗渗漏防治方案和施工措施》，保证施工质量；并根据规范和门窗数量确定选择有代表性的门窗进行三性试验，试验合格后，铝合金门窗大面积施工前应做好样板间施工，验收合格后开始大面积施工。

（8）铝合金门窗工程竣工前，应去除所有成品保护，全面清洗外露铝型材和玻璃。

4.3.2 铝合金门窗安装工艺

弹线定位、洞口修整→门窗就位固定→塞缝打发泡剂→门窗侧壁粉刷打密封胶→门窗扇安装→玻璃安装→配件安装。

4.3.3 铝合金门窗安装方法

（1）弹线定位和洞口修整：门窗安装必须弹线找直达到上下一致，横平竖直，进出一致，根据门窗框安装线、外墙面砖的排版，对门洞口尺寸进行复核，洞口高、宽尺寸允许偏差应为±10mm，对角线尺寸允许偏差应为±10mm；如预留尺寸偏差较大，可用细石混凝土补浇或用钢丝网1:3水泥砂浆分层粉刷，禁止直接镶砖。

（2）铝合金门窗框安装：

1）金属附框安装应在洞口及墙体抹灰湿作业前完成，铝合金门窗安装应在洞口及墙体抹灰湿作业后进行。

2）金属附框宽度应大于30mm。

3）金属附框的内、外两侧宜采用固定片与洞口墙体连接固定；固定片宜用Q235钢材，厚度不应小于1.5mm，宽度不应小于20mm，表面应做防腐处理（或采用镀锌钢材）；连接片严禁直接在保温层上进行固定。

① 混凝土墙洞口应采用射钉或膨胀螺钉固定；

② 砖墙洞口或空心砖洞口应用膨胀螺钉固定，并不得固定在砖缝处；

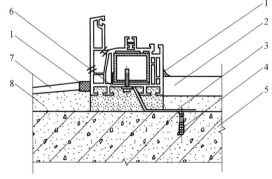

图 3.4.3-1　金属门窗下框与墙体固定示意图

1—密封胶；2—内窗台板；3—固定片；4—膨胀螺钉；
5—墙体；6—防水砂浆；7—装饰面；8—抹灰层

③ 轻质砖块或加气混凝土洞口可在预埋混凝土块上用膨胀螺钉固定；

④ 设有预埋铁件的洞口应采用焊接的方法固定，也可先在预埋件上按紧固件规格打基孔，然后用紧固件固定。

窗下框与墙体的固定见图 3.4.3-1。

4）金属附框固定片安装位置应满足：应先固定上框，后固定边框，固定片形状应预先弯曲至贴近洞口固定面，不得直接捶打固定片使其弯曲。角部的距离不应大于 150mm，其余部位的固定片中心距不应大于 500mm。固定片与墙体固定点的中心位置至墙体边缘距离不小于 50mm。

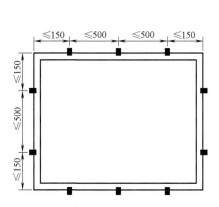

图 3.4.3-2 金属窗框与附框连接间距示意图

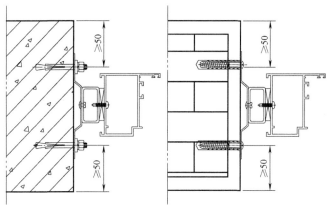

图 3.4.3-3 金属窗框固定片与墙体边缘距离示意图

图 3.4.3-4 金属窗框固定示例图 1（砌筑洞口）

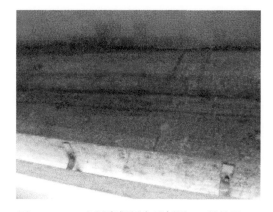

图 3.4.3-5 金属窗框固定示例图 2（结构洞口）

5）相邻洞口金属附框平面内位置偏差应小于 10mm；金属附框内缘应与抹灰后的洞口装饰面齐平，金属附框宽度和高度允许偏差及对角线允许偏差应符合表 3.4.3 规定。

金属附框尺寸允许偏差（mm）　　　　　　　　　　　　表 3.4.3

项目	允许偏差值	检测方法
金属附框高、宽偏差	±3	钢卷尺
对角线尺寸偏差	±4	钢卷尺

6）铝合金门窗框与金属附框连接固定应牢固可靠，连接固定点设置应符合（图3.4.3-2）要求。

（3）塞缝、打发泡剂：侧壁和顶部打发泡剂，发泡剂必须连续饱满，超出门窗框外的发泡胶应在其固化前用手或专用工具压入缝隙中，严禁固化后用刀片切割。发泡胶固化后取出临时固定的木楔，并在其缝隙中打入发泡胶并用专用工具压入缝隙中，同样不得在固化后用刀片切割，严禁外膜破损，窗台可采用水泥砂浆或细石混凝土嵌填。高层有防雷要求的由水电安装单位连接，门窗施工单位配合。

（4）打密封胶：

1）应采用粘接性能良好并相容的耐候密封胶；

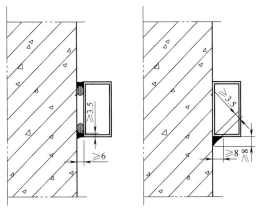
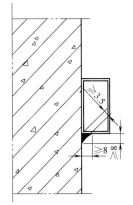

图3.4.3-6 金属窗框与墙体缝隙密封示意图

2）打胶前应清洁粘结表面，去除灰尘、油污，粘结面应保持干燥，墙体部位应平整洁净；

3）从框外边向外涂水泥防渗透型无机防水涂料二道，宽度不小于180mm，粉刷完成后外侧留设5~8mm左右的凹槽再打密封胶一道；打防水胶必须在墙体干燥后进行；

4）密封胶应打在水泥砂浆或外墙腻子上，禁止打在涂料面层上。注胶应平整密实，胶缝宽度均匀。表面光滑、整洁美观。

图3.4.3-7 金属窗框与窗台板打胶示例图

图3.4.3-8 金属窗框与墙体打胶示例图

（5）门窗扇的安装：铝合金门窗开启扇及开启五金件的装配宜在工厂内组装完成。铝合金门窗扇必须安装牢固，应启闭灵活、无卡滞、无噪声，推拉门窗扇必须有防脱落措施。

【注：推拉门窗扇意外脱落容易造成安全方面的伤害，对高层建筑情况更为严重，故规定推拉门窗扇必须有防脱落措施。】

（6）玻璃安装：应符合现行行业标准《建筑玻璃应用技术规程》JGJ 113规定。室外玻璃与框扇间应填嵌密封胶，不应采用密封条，密封胶必须饱满，粘结牢固，以防渗水。

室内镶玻璃应用橡胶密封条，所用的橡胶密封条应有 20mm 的伸缩余量转角处断开，并用密封胶在转角处固定。

图 3.4.3-9　金属门窗扇安装示例图 1

图 3.4.3-10　金属门窗扇安装示例图 2

1）玻璃支撑块长度不应小于 50mm，厚度根据槽底间隙设计尺寸确定，宜为 5～7mm，定位孔长度不应小于 25mm；支撑块安装不得阻塞泄水孔及排水通道。

2）玻璃安装的内外片配置、镀膜面朝向应符合设计要求。组装前应将玻璃槽口内的杂物清理干净。

3）玻璃采用密封胶条密封时，密封胶条宜使用连续条，接口不应设置在转角处，装配后的胶条应整齐均匀，无凸起。

4）玻璃采用密封胶密封时，注胶厚度不应小于 3mm，粘结面应无灰尘、无油污、干燥，注胶应密实、不间断、表面光滑整洁。

5）玻璃压条应扣紧、平整不得翘曲，必要时可配装加工。

（7）配件安装：各类连接铁件的厚度、宽度应符合细部节点详图规定的要求。五金配件与门窗连接用镀锌（不锈钢）螺钉。

1）当承重五金件与门窗连接采用机制螺钉时，啮合宽度应大于所用螺钉的两个螺距。不宜用自攻螺钉或铝抽芯铆钉固定。

2）窗框的拼接处、紧固螺丝必须打密封胶。

3）开启五金件位置安装应准确，牢固可靠，装配后应动作灵活。多锁点五金件的各锁闭点动作应协调一致，在锁闭状态下五金件锁点和锁座中心位置偏差不应大于 3mm。

图 3.4.3-11　金属门窗玻璃安装示例图

4）铝合金门窗框、扇搭接宽度应均匀，密封条、毛条压合均匀。

5）平开窗开启限位装置安装应正确，开启量应符合设计要求。

6）窗纱位置安装应正确，不应阻碍门窗的正常开启。

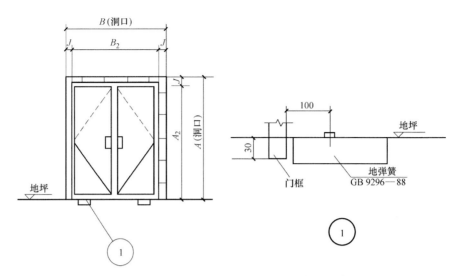

图 3.4.3-12　金属地弹簧门框下部固定方法示意图

图 3.4.3-13　金属地弹簧门示例图

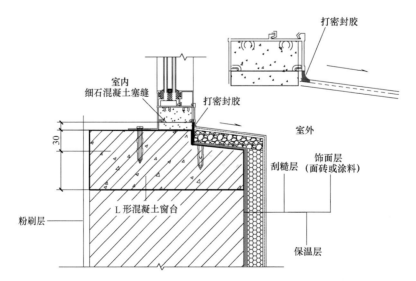

图 3.4.3-14　外墙保温门窗窗台示意图

4.3.4 门窗框外缘做法

门窗框外缘与结构间的间隙根据不同的饰面材料而定：

（1）所有外保温墙体外门窗洞口应根据墙面构造层总厚度浇 L 形混凝土门窗套。

（2）门窗两面都为水泥砂浆抹灰层或为内保温砂浆时，一般与结构间隙控制在 25mm 左右。

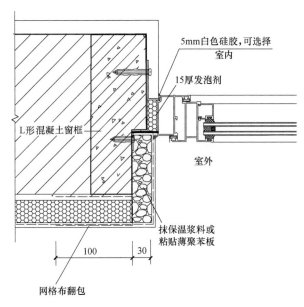

图 3.4.3-15　外墙保温门窗窗侧示意图

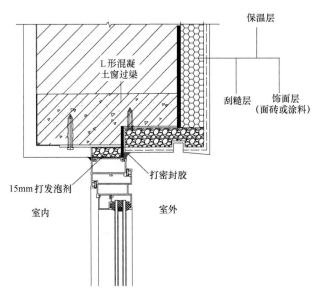

图 3.4.3-16　外墙保温门窗窗顶示意图

4.3.5 阳台、露台门

（1）露台门下槛：露台、上人屋面门下槛应设不低于 250mm 高现浇混凝土翻边（图 3.4.3-17）。

（2）阳台门下槛应高出地坪完成面 20mm 左右。

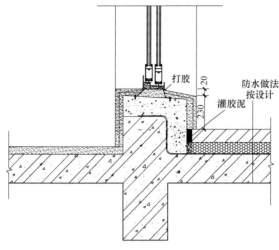

图 3.4.3-17　露台门下槛做法示意图

图 3.4.3-18　铝合金窗示意图

4.4　塑料门窗安装工程

4.4.1　一般要求

（1）塑料门窗安装五金配件时，应钻孔后用自攻钉螺钉拧入，不得直接锤击钉入。

（2）安装组合窗时应将两窗框与拼樘料卡接，卡接后应用紧固件双向拧紧，其间距应小于或等于 600mm，紧固件端头及拼樘料与窗框间的缝隙应用嵌缝膏进行密封处理。拼樘料型钢两端必须与洞口固定牢固。

（3）门窗框与墙体间缝隙不得用水泥砂浆填塞，应采用弹性材料填嵌饱满，表面应用密封胶密封。

（4）塑料门窗、组合窗及连窗门的拼樘应采用与其内腔紧密吻合的增强型钢作为内衬，型钢两端比拼樘料长处 10～15mm。外窗的拼樘料截面积尺寸及型钢形状、壁厚，应能使组合窗承受本地区的瞬间风压值。

（5）轻质砌块或假期混凝土墙洞口应在门窗框与墙体的连接部位设置预埋件。

（6）玻璃承重垫块应选用邵氏硬度为 70～90A 的硬橡胶或塑料，不得使用硫化再生橡胶、木片或其他吸水性材料。垫块长度宜为 80～100mm，宽度应大于玻璃厚度 2mm 以上，厚度应按框、扇（梃）与玻璃的间隙确定，并不宜小于 3mm。定位垫块应能吸收温度变化产生的变形。

（7）塑料门窗设计宜考虑防蚊蝇措施。门窗用窗纱应使用耐老化、耐锈蚀、耐燃的材料。

（8）安装塑料门窗时，其环境温度不应低于 5℃。

（9）应在所有工程完工后及装修工程验收前去掉保护膜。

4.4.2　塑料门窗安装工艺

墙体、洞口检测及处理→门窗（组合门窗）就位固定→塞缝打发泡剂→门窗侧壁粉刷打密封胶→门窗扇安装→玻璃安装→配件安装。

4.4.3　塑料门窗安装方法

（1）墙体、洞口检测及处理：塑料门窗应采用预留洞口法安装，不得采用边安装边砌口或先安装后砌口的施工方法；门窗及玻璃的安装应在墙体湿作业完工且硬化后进行；门窗的安装应在洞口尺寸检验合格，并办好工种间交接手续后方可进行。

安装前，应清除洞口周围松动的砂浆、浮渣及浮灰，必要时，可在洞口四周涂刷一层防水聚合物水泥胶浆。

（2）塑料门窗框固定：塑料门窗应采用固定片法安装，对于旧窗改造或构造尺寸较小的窗型，可采用直接固定法进行安装，窗下框应采用固定片法安装。

1）门、窗框安装前应预先安装附框。附框宜采用固定片法与墙体连接牢固。固定方法同金属门窗框附框连接方法。

2）门窗在安装时应确保门窗框上下边位置及内外朝向准确。

①　当门窗框与墙体间采用固定片固定时，应使用单向固定片，固定片应双向交叉安装。与外保温墙体固定的边框固定片宜朝向室内。固定片与窗框连接应采用十字槽盘头自钻自攻螺钉直接钻入固定，不得直接锤击钉入或仅靠卡紧方式固定。

②　当门窗框与墙体间采用膨胀螺钉直接固定时，应按膨胀螺钉规格先在窗框上打好基孔，安装膨胀螺钉时应在伸缩缝中膨胀螺钉位置两边加支撑块。膨胀螺钉端头应加盖工艺孔帽，并应用密封胶进行密封。

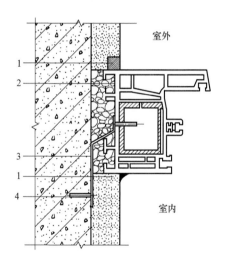

图 3.4.4-1　窗框安装节点示意图 1
1—密封胶；2—聚氨酯发泡胶；
3—固定片；4—膨胀螺钉

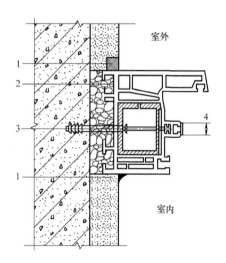

图 3.4.4-2　窗框安装节点示意图 2
1—密封胶；2—聚氨酯发泡胶；
3—膨胀螺钉；4—工艺孔帽

3）附框安装后应用水泥砂浆将洞口抹至与附框内表面平齐。附框与门、窗框间应预留伸缩缝，门、窗框与附框的连接应采用直接固定法，但不得直接在窗框排水槽内进行钻孔。

4）安装门窗框时，如果玻璃已装在门窗上，宜卸下玻璃（或门、窗扇），并作标记。

5）应根据设计图纸确定门窗框的安装位置及门扇的开启方向。当门窗框装入洞口时，其上下框中线应与洞口中线对齐，门窗的上下框四角及中横梃的对称位置应用木楔或垫块塞紧作临时固定；当下框长度大于900mm时，其中央也应用木楔或垫块塞紧，临时固定。

6）安装门时应采取防止门框变形的措施，无下框平开门应使两边框的下脚低于地面标高线，其高度差宜为30mm，带下框平开门或推拉门应使下框底面低于最终装修地面10mm。安装时，应先固定上框的一个点，然后调整门框的水平度、垂直度和直角度，并应用木楔临时定位。

（3）组合窗安装：安装组合窗时，应从洞口的一端按顺序安装，拼樘料与洞口的连接要求：

1）不带附框的组合窗洞口，拼樘料连接件与混凝土过梁或柱的连接应符合预埋铁件固定片连接方式的要求。拼樘料可与连接件搭接，也可与预埋件或连接件焊接。拼樘料与连接件的搭接量不应小于30mm。

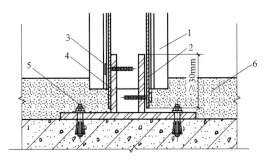

图 3.4.4-3　拼樘料安装节点示意图 1
1—拼樘料；2—增强型钢；3—自攻螺钉；
4—连接件；5—膨胀螺钉或射钉；6—伸缩缝填充物

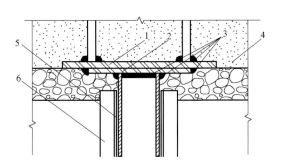

图 3.4.4-4　拼樘料安装节点示意图 2
1—预埋件；2—调整垫块；3—焊接点；
4—墙体；5—增强型钢；6—拼樘料

2）当拼樘料与砖墙连接时，应采用预留洞口法安装。拼樘料两端应插入预留洞中，插入深度不应小于30mm，插入后应用水泥砂浆填充固定。

3）当门窗与拼樘料连接时，应先将两窗框与拼樘料卡接，然后用自钻自攻螺钉拧紧，其间距应符合设计要求并不得大于600mm，紧固件端头应加盖工艺孔帽，并用密封胶进行密封处理。拼樘料与窗框间的缝隙也应采用密封胶进行密封处理。

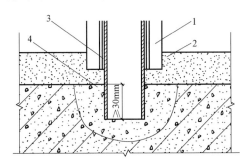

图 3.4.4-5　预留洞口法拼樘料与
墙体的固定示意图
1—拼樘料；2—伸缩缝填充物；
3—增强型钢；4—水泥砂浆

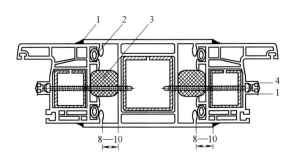

图 3.4.4-6　拼樘料连接节点示意图
1—密封胶；2—密封条；3—泡沫棒；4—工艺孔帽

4）当门连窗的安装需要门与窗拼接时，应采用拼樘料，安装方法符合上述要求。拼樘料下端应固定在窗台上。

（4）塞缝打发泡剂：窗框与洞口之间的伸缩缝内应采用聚氨酯发泡胶填充，发泡胶填充应均匀、密实。发泡胶成型后不宜切割。打胶前，框与墙体间伸缩缝外侧应用挡板遮盖住；打胶后，应及时拆下挡板，并在10～15min内将溢出泡沫向框内压平。对于保温、隔声等级要求较高的工程，应先设计要求采用相应的隔热、隔声材料填塞，然后再采用聚氨酯发泡胶封堵。填塞后，撤掉临时固定用木楔或支撑垫块，其空隙也应用聚氨酯发泡胶填塞。

图 3.4.4-7　采用聚氨酯发泡胶对缝隙进行填充

图 3.4.4-8　填充应密实

（5）门窗侧壁粉刷打密封胶：塑料门窗密封胶封闭同金属门窗安装第 4.3.3 条第 4 款。

（6）门扇安装：

1）安装平开门窗时，宜将门窗扇吊高 2～3mm，门扇的安装宜采用可调节门铰链，安装后门铰链的调节余量应放在最大位置。平开门窗固定合页（铰链）的螺钉宜采用自钻自攻螺钉。门窗安装后，框扇应无可视变形，门窗扇关闭应严密，搭接量应均匀，开关应灵活。铰链部位配合间隙的允许偏差及框、扇的搭接量、开关力等应符合国家现行标准《未增塑聚氯乙烯（PVC-U）塑料窗》JG/T 140、《未增塑聚氯乙烯（PVC-U）塑料门》JG/T 180 的规定。门窗合页（铰链）螺钉不得外露。

2）推拉门窗扇必须有防脱落措施。

【注：推拉门窗扇意外脱落容易造成安全方面的伤害，对高层建筑情况更为严重，故规定推拉门窗扇必须有防脱落措施。】

3）推拉门窗安装后框扇应无可视变形，门窗关闭应严密，开关应灵活。窗扇与窗框上下搭接量的实测值（导轨顶部装滑轨时，应减去滑轨高度）均不应小于 6mm。门扇与门框上下搭接量的实测值（导轨顶部装滑轨时，应减去滑轨高度）均不应小于 8mm。

（7）玻璃安装：

1）玻璃应平整，安装牢固，不得有松动现象，内外表面均应洁净，玻璃的层数、品种及规格应符合设计要求。单片镀膜玻璃的镀膜层及磨砂玻璃的磨砂层应朝向室内；

2）镀膜中空玻璃的镀膜层应朝向中空气体层；

3）安装好的玻璃不得直接接触型材，应在玻璃四边垫上不同作用的垫块，中空玻璃的垫块宽度应与中空玻璃的厚度相匹配，其垫块位置宜按图3.4.4-9放置；

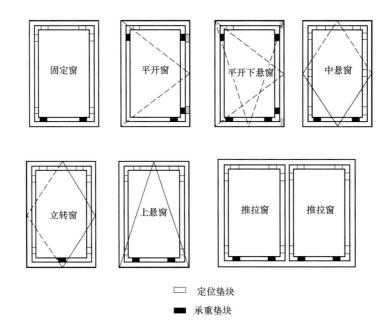

□ 定位垫块

■ 承重垫块

图 3.4.4-9 承重垫块和定位垫块位置示意图

4）竖框（扇）上的垫块，应用胶固定；

5）当安装玻璃密封条时，密封条应比压条略长，密封条与玻璃及玻璃槽口的接触应平整，不得卷边、脱槽，密封条断口接缝应粘接；

6）玻璃装入框、扇后，应用玻璃压条将其固定，玻璃压条必须与玻璃全部贴紧，压条与型材的接缝处应无明显缝隙，压条角部对接缝隙应小于1mm，不得在一边使用2根（含2根）以上压条，且压条应在室内侧。

（8）安装五金配件：

1）安装窗五金配件时，应将螺钉固定在内衬增强型钢或内衬局部加强钢板上，或使螺钉至少穿过塑料型材的两层壁厚。紧固件应采用自钻自攻螺钉一次钻入固定，不得采用预先打孔的固定方法。五金件应齐全，位置应正确，安装应牢固，使用应灵活，达到各自的使用功能。平开窗扇高度大于900mm时，窗扇锁闭点不应少于2个。

2）安装门锁与执手等五金配件时，应将螺钉固定在内衬增强型钢或内衬局部加强钢板上。五金件应齐全，位置应正确，安装应牢固，使用应灵活，达到各自的使用功能。

3）纱窗应固定牢固，纱窗关闭应严密。安装五金件、纱窗铰链及锁扣后，应整理纱网和压实压条。

4.4.4 塑料门窗各性能保证

（1）抗风压性能：单片玻璃厚度不宜小于4mm。

（2）水密性能：

1）在外门、外窗的框、扇下横边应设置排水孔，并应根据等压原理设置气压平衡孔槽；排水孔的位置、数量及开口尺寸应满足排水要求，内外侧排水槽应横向错开，避免直通；排水孔宜加盖排水孔帽；排水孔应畅通，位置和数量应符合设计要求；

2）拼樘料与窗框连接处应采取有效可靠的防水密封措施；

3）门窗框与洞口墙体安装间隙应有防水密封措施；

4）在带外墙外保温层的洞口安装塑料门窗时，宜安装室外批水窗台板，且窗台板的边缘与外墙间应妥善收口。

5）外墙窗楣应做滴水线或滴水槽，外窗台流水坡度不应小于2‰。平开窗宜在开启部位安装披水条。

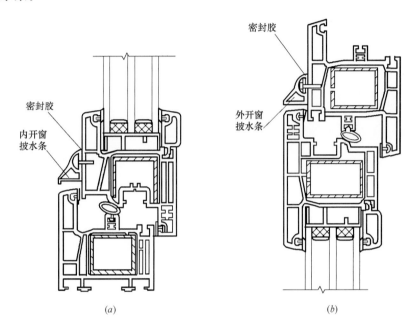

图 3.4.4-10　塑料窗批水条安装位置示意图
（*a*）内开窗；（*b*）外形窗

（3）气密性能设计：

1）居住建筑和公共建筑的外窗、外门气密性能设计指标应根据使用要求确定，其外窗、外门气密性能必须满足国家相应的建筑节能设计标准。

2）门窗四周的密封应完整、连续，并应形成封闭的密封结构。

（4）对隔声性能要求较高的塑料门窗：

1）采用密封性能好的门窗构造；

2）采用隔声性能好的中空玻璃或夹层玻璃；

3）采用双层窗构造。

（5）保温与隔热性能：

1）有隔热要求的塑料门窗遮阳系数应根据建筑所在地区的气候分区及建筑使用要求确定，并应符合现行相关节能标准中对建筑外窗的有关要求；

2）有保温和隔热要求的门窗工程应采用中空玻璃，中空玻璃砌体层厚度不宜小于9mm；严寒地区宜使用中空 Low-E 镀膜玻璃或单框三玻中空玻璃窗，不宜使用推拉窗；窗框与窗扇间宜采用三级密封；当采用附框法与前提连接时，附框应采取隔热措施；

3）在墙体采取保温措施时，窗框与保温构造应协调，不得形成热桥；

4）遮阳装置应安装牢固可靠。

图 3.4.4-11　塑料窗示意图 1　　　　　图 3.4.4-12　塑料窗示意图 2

4.5　特种门安装工程

根据实际施工需要，一般装修工程现涉及的特种门安装工程主要为防火门（木质防火门、钢质防火门）、防盗门、自动门、金属卷帘门等。

4.5.1　防火门

（1）根据国际标准（ISO）耐火极限不同分类，防火门可分为甲、乙、丙三个等级。

1）甲级防火门：甲级防火门以防止扩大火灾为主要目的，它的耐火极限为 1.2h，一般为全钢板门，无玻璃窗。

2）乙级防火门：乙级防火门以防止开口部火灾蔓延为主要目的，它的耐火极限为0.9h，一般为全钢板门，在门上开一个小玻璃窗，玻璃选用 5mm 厚的夹丝玻璃或耐火玻璃。性能较好的木质防火门也可以达到乙级防火门。

3）丙级防火门：它的耐火极限为 0.6h，为全钢板门，在门上开一小玻璃窗，玻璃选用 5mm 厚夹丝玻璃或耐火玻璃。大多数木质防火门都在这一范围内。

图 3.4.5-1　木质防火门示例图 1　　　　　图 3.4.5-2　木质防火门示例图 2

（2）根据防火门的材质不同分类，可以分为木质防火门和钢质防火门两种。

1）木质防火门：即在木质门表面涂以耐火涂料，或用装饰防火胶板贴面，以达防火要求。其防火性能要稍差一些。

2）钢质防火门：即采用普通钢板制作，在门扇夹层中填入岩棉等耐火材料，以达到防火要求。

图 3.4.5-3　钢制防火门示例图 1　　　　图 3.4.5-4　钢制防火门示例图 2

（3）一般要求：防火门应为向疏散方向开启，并在关闭后应能从任何一侧手动开启。用于疏散的走道、楼梯间和前室的防火门，应具有自动关闭功能。双扇和多扇防火门，还应具有按顺序关闭的功能。

图 3.4.5-5　防火门闭门器示例图　　　　图 3.4.5-6　防火门顺序器示例图

（4）钢制防火门安装要素：

1）门框内灌浆：对于钢质防火门，需在门框内填充 1：3 水泥砂浆。填充前应先把门关好，将门扇开启面的门框与门扇之间的防漏孔塞上塑料盖后，方可进行填充。

2）门框就位和临时固定：门框埋入±0.00m 标高以下 20mm，须保证框口上下尺寸相同，允许误差<1～5mm，对角线允许误差<2mm。

3）门框固定：采用 1.5mm 厚镀锌连接件固定。连接件与墙体采用膨胀螺栓固定安装。门框与门洞墙体之间预留的安装空间：胀栓固定预留 20～30mm。门框每边均不应少于 3 个连接点。

4）门框与墙体间隙间的处理：门框周边缝隙，用 1：2 水泥砂浆嵌缝牢固，应保证与墙体结成整体，经养护凝固后，在粉刷洞口及墙体。门框与墙体连接处打建筑密封胶。

5）五金配件安装：安装五金配件及有关防火装置。门扇关闭后，门缝应均匀平整，开启自由轻便，不得有过紧、过松和反弹现象。

6）门框与门扇的正常间隙为左、中（双开门、子母门）、右≤2mm、上部≤2mm、下部5～8mm间隙。调整框与扇的间隙，做到门扇在门框里平整、密合、无翘曲、无明显反弹。

（5）木质防火门安装要素：木质防火门安装同普通木门安装流程。

1）门框固定好后，框与洞口墙体的缝隙先填塞发泡材料（或沥青麻丝），内外侧再用水泥砂浆抹平。

2）木质防火门安装完毕后应在门框处安装防火胶条。

图 3.4.5-7　木制防火门示例图（防火胶条）1　　图 3.4.5-8　木制防火门示例图（防火胶条）2

4.5.2　卷帘门（防火卷帘、普通卷帘）

（1）卷帘门包括普通钢制卷帘门（透明钢丝网、钢板）、钢制防火卷帘（普通型、复合型、水雾式）、无机纤维复合防火卷帘（双轨、单轨、水雾式）。

图 3.4.5-9　普通钢板卷帘示例图　　　　图 3.4.5-10　普通透明钢丝网卷帘示例图

（2）设在走道上的防火卷帘，应在卷帘的两侧设置启闭装置，并应具有自动、手动和机械控制的功能。

（3）帘面嵌入导轨的深度应符合表 3.4.5 规定，导轨间距超过表中规定，导轨间距离每增加 1m 时，每端嵌入深度应增加 10mm。

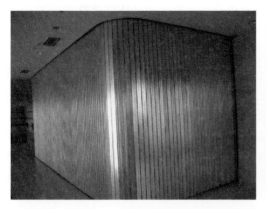 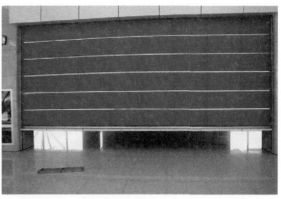

图 3.4.5-11　钢制防火卷帘示例图　　　图 3.4.5-12　无机纤维复合防火卷帘示例图

图 3.4.5-13　双轨无机纤维复合防火卷帘示例图

图 3.4.5-14　卷帘控制系统示例图

防火卷帘帘面嵌入导轨深度　　　　　　　　　　　　　　表 3.4.5

导轨间距离 B(mm)	每端嵌入深度(mm)
B<3000	>45
3000≤B<5000	>50
5000≤B<9000	>60

（4）防火防烟卷帘的导轨内应设置防烟装置，防烟装置所用材料应为不燃或难燃材料，防烟装置与帘面应均匀紧密贴合，其贴合面长度不应小于导轨长度的 80%。

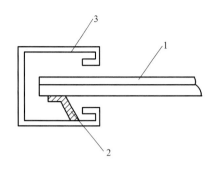

图 3.4.5-15 防火卷帘导轨内防
烟装置示意图

1—卷帘；2—防烟装置；3—导轨

（5）无机纤维复合帘面上除应装夹板外，两端还应设防风钩；无机纤维复合帘面不应直接连接于卷轴上，应通过固定件与卷轴相连。

（6）卷帘门的安装与配试

1）确认门洞口尺寸及安装方式（内侧、外侧及中间安装），现场采用钻孔埋设胀栓与导轨、轴承架连接，预埋钢件的间距为 600～1000mm，卷轴、支架板必须牢固的安装在混凝土结构上。按施工图规定位置，将两侧及上方导轨焊牢于墙体预埋件上，并焊成一体，各导轨应在同一垂直面上。

2）卷门机必须按说明书要求安装。

3）门体叶片插入滑道不得少于 30mm，门体宽度偏差±3mm。

4）特级防火卷帘还应按照设计要求安装水幕喷淋系统，并与总控制系统连接。

5）卷筒安装应先找好尺寸，并使卷筒轴保持水平位置，注意与导轨之间的距离应两端保持一致，临时固定后进行检查，并进行必要的调整、校正，无误后再与支架预埋件用电焊焊接。

4.5.3 防盗门

（1）防盗门分类：

项目	级 别			
	甲级	乙级	丙级	丁级
门扇钢板厚度（mm）	符合设计要求	外面板≥1.0 内面板≥1.0	外面板≥0.8 内面板≥0.8	外面板≥0.8 内面板≥0.6
防破坏时间（min）	≥30	≥15	≥10	≥6
机械防盗锁防盗级别	B	A		
电子防盗锁防盗级别	B	A		

图 3.4.5-16 防盗门示例图 1

图 3.4.5-17 防盗门示例图 2

（2）防盗门的安装要点：

1）防盗门的安装应按照所采用的防盗门种类，采取相适应的安装方法。

2）防盗门的门框可以采用膨胀螺栓与墙体固定，也可以在砌筑墙体时在洞口处预埋铁件，安装时与门框连接件焊牢。门框与墙体不论采用何种连接方式，每边均不应少于3个锚固点，且应牢固连接。

3）要求推拉门安装后推拉灵活；平开门开启方便，关闭严密牢固。

4）门框与门扇之间或其他部位应安装防盗装置。

5）防盗门上的拉手、门锁、观察孔等五金配件，必须齐全；多功能防盗门上的密码护锁、电子报警密码系统、门铃传呼等装置，必须有效完善。

6）要求与地平面的间隙应不大于5mm。门框与门扇之间或其他部位应安装防盗装置。

4.5.4 自动门

（1）自动门的分类介绍：可分为推拉门、平开门、折叠门和旋转门。

1）推拉门：可细分为单开、双开、重叠单开、重叠双开和弧形门。弧形门门扇沿弧形轨道平滑移动，可分为半弧单向、半弧双向、全弧双向。

为了最大限度地拓宽入口幅度，有的推拉（套叠）自动门可做成在开启终点与固定扇重合后一道手动平开，也归纳为推拉自动门。

图 3.4.5-18 弧形自动门示例图

图 3.4.5-19 全玻自动门示例图

图 3.4.5-20 双开自动门示例图 1

图 3.4.5-21 双开自动门示例图 2

2）旋转门：可细分为有中心轴式、圆导轨悬挂式和中心展示区式等。

图 3.4.5-22　旋转自动门示例图 1

图 3.4.5-23　旋转自动门示例图 2

3）平开门：可细分为单扇单向、双扇单向、单扇双向和双扇双向。

4）折叠门：可细分为 2 扇折叠和 4 扇折叠。

图 3.4.5-24　平开自动门示例图

图 3.4.5-25　折叠自动门示例图

（2）自动门安装要点：

1）铝合金自动门和全玻璃自动门地面上装有导向性下轨道。异形钢管自动门无下轨道。地面装饰面层施工前，进行自动门安装，首先埋设下轨道，下轨道长度为开启门宽的 2 倍。埋轨道时注意与地坪的面层材料的标高保持一致。

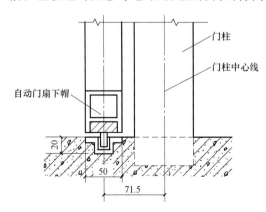

图 3.4.5-26　自动门下轨道安装示意图

【备注：装有导向性下轨道的自动门宜在地坪施工时抄平划线，在自动门下轨道位置准确地预埋木枋，并注意木枋长度大于开启门宽的 2 倍，不宜采用后剔槽的方式，以保证槽口质量及下轨与地坪交接处美观。】

2）按设计要求将竖向槽钢放置在已预埋铁的门柱处，校平、吊直，注意与下面轨道的位置关系，然后电焊牢固。

自动门上部机箱层主梁是安装中的重要环节。由于机箱内装有机械及电控装置，因此对支撑横梁的土建支撑结构有一定的强度及稳定性要求，钢横梁两端连接预埋件应可靠地锚固在钢筋混凝土构件中。常用的有两种支承接点，见图 3.4.5-27、图 3.4.5-28。

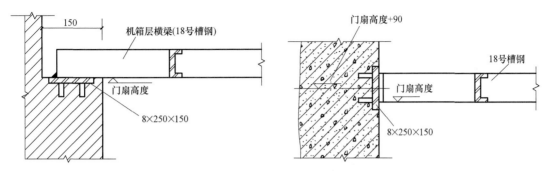

图 3.4.5-27 砌块墙体机箱横梁支撑节点示意图　图 3.4.5-28 混凝土墙体机箱横梁支撑节点示意图

3）安装门扇，使门扇滑动平稳、润滑。门扇宜采用全玻门或有框玻璃门。

4）调试：接通电源，调整微波传感器的探测角度和反应灵敏度，使其达到最佳工作状态。

5　门窗工程的质量检验标准

5.1　木门窗制作与安装工程

5.1.1　主控项目

（1）木门窗的木材品种、材质等级、规格、尺寸、框扇的线型及人造木板的甲醛含量应符合设计要求。设计未规定材质等级时，所用木材的质量应符合表 3.5.1-1 和表 3.5.1-2的规定。

普通木门窗所用木材的质量要求　　　　表 3.5.1-1

木材缺陷		门窗扇的立挺、冒头，中冒头	窗棂、压条、门窗及气窗的线脚、通风窗立挺	门心板	门窗框
活节	不计个数，直径(mm)	<15	<15	<15	<15
	计算个数直径	≤材宽1/3	≤材宽1/3	≤30 mm	≤材宽1/3
	任1延米个数	≤3	≤2	≤3	≤5
死节		允许，计入活节总数	不允许	允许，计入活节总数	
髓心		不露出表面的，允许	不允许	不露出表面的，允许	
裂缝		深度及长度≤厚度及材长的1/5	不允许	允许可见裂缝	深度及长度≤厚度及材长的1/4
斜纹的斜率(%)		≤7	≤5	不限	≤12
油眼		非正面，允许			
其他		浪形纹理、圆形纹理、偏心及化学变色、允许			

木材缺陷		门窗扇的立挺、冒头,中冒头	窗棂、压条、门窗及气窗的线脚、通风窗立挺	门心板	门窗框
活节	不计个数,直径(mm)	<11	<5	<10	<10
	计算个数直径	≤材宽1/4	≤材宽1/4	≤20 mm	≤材宽1/3
	任1延米个数	≤2	0	≤2	≤3
死 节		允许,包括在活节总数中	不允许	允许,包括在活节总数中	不允许
髓 心		不露出表面的,允许	不允许	不露出表面的,允许	
裂 缝		深度及长度≤厚度及材长的1/6	不允许	允许可见裂缝	深度及长度≤厚度及材长的1/5
斜纹的斜率(%)		≤6	≤4	≤15	≤10
油 眼		非正面,允许			
其 他		浪形纹理、圆形纹理、偏心及化学变色、允许			

(2) 木门窗应采用烘干的木材,含水率应符合《建筑木门、木窗》JG/T 122 的规定。

(3) 木门窗的防火、防腐、防虫处理应符合设计要求。

(4) 木门窗的结合处和安装配件处不得有木节或已填补的木节。木门窗如有允许限值以内的死节及直径较大的虫眼时,应用同一材质的木塞加胶填补。对于清漆制品,木塞的木纹和色泽应与制品一致。

(5) 门窗框和厚度大于 50mm 的门窗扇应用双榫连接。榫槽应采用胶料严密嵌合,并应用胶楔加紧。

(6) 胶合板门、纤维板门和模压门不得脱胶。胶合板不得刨透表层单板,不得有戗槎。制作胶合板门、纤维板门时,边框和横楞应在同一平面上,面层、边框及横楞应加压胶结。横楞和上、下冒头应各钻两个以上的透气孔,透气孔应通畅。

(7) 木门窗的品种、类型、规格、开启方向、安装位置及连接方式应符合设计要求。

(8) 木门窗框的安装必须牢固。预埋木砖的防腐处理、木门窗框固定点的数量、位置及固定方法应符合设计要求。

(9) 木门窗扇必须安装牢固,并应开关灵活,关闭严密,无倒翘。

(10) 木门窗配件的型号、规格、数量应符合设计要求,安装应牢固,位置应正确,功能应满足使用要求。

5.1.2 一般项目

(1) 木门窗表面应洁净,不得有刨痕、锤印。

(2) 木门窗的割角、拼缝应严密平整。门窗框、扇裁口应顺直,刨面应平整。

(3) 木门窗上的槽、孔应边缘整齐,无毛刺。

(4) 木门窗与墙体间缝隙的填嵌材料应符合设计要求,嵌填应饱满。寒冷地区外门窗(或门窗框)与砌体间的空隙应填充保温材料。

(5) 木门窗批水、盖口条、压缝条、密封条安装应顺直,与门窗结合应牢固、严密。

(6) 木门窗制作的允许偏差和检验方法应符合表 3.5.1-3 的规定。

木门窗制作的允许偏差和检验方法　　　　　表 3.5.1-3

项次	项目	构件名称	允许偏差（mm）普通	允许偏差（mm）高级	检验方法
1	翘曲	框	3	2	将框、扇平放在检查平台上，用塞尺检查
		扇	2	2	
2	对角线长度差	框、扇	3	2	用钢尺检查，框量裁口里角，扇量外角
3	表面平整度	扇	2	2	用1m靠尺和塞尺检查
4	高度、宽度	框	0；—2	0；—1	用钢尺检查，框量裁口里角，扇量外角
		扇	+2；0	+1；0	
5	裁口、线条结合处高低差	框、扇	1	0.5	用钢直尺和塞尺检查
6	相邻棂子两端间距	扇	2	1	用钢直尺检查

（7）木门窗安装的留缝限值、允许偏差和检验方法应符合表 3.5.1-4 规定。

木门窗安装的留缝限值、允许偏差和检验方法　　　　　表 3.5.1-4

项次	项目		留缝限值（mm）普通	留缝限值（mm）高级	允许偏差（mm）普通	允许偏差（mm）高级	检验方法
1	门窗槽口对角线长度差		—	—	3	2	用钢尺检查
2	门窗框的下、侧面垂直度		—	—	2	1	用1m垂直检测尺检查
3	框与扇、扇与扇接缝高低差		—	—	2	1	用钢直尺和塞尺检查
4	门窗扇对口缝		1～2.5	1.5～2	—	—	用塞尺检查
5	工业厂房双扇大门对口缝		2～5	—	—	—	
6	门窗扇与上框间留缝		1～2	1～1.5	—	—	
7	门窗扇与侧框间留缝		1～2.5	1～1.5	—	—	
8	窗扇与下框间留缝		2～3	2～2.5	—	—	
9	门扇与下框间留缝		3～5	3～4	—	—	
10	双层门窗内外框间距		—	—	4	3	用钢尺检查
11	无下框时门扇与地面间留缝	外门	4～7	5～6	—	—	用塞尺检查
		内门	5～8	6～7	—	—	
		卫生间门	8～12	8～10	—	—	
		厂房大门	10～20	—	—	—	

5.2 金属门窗安装工程

5.2.1 主控项目

（1）金属门窗的品种、类型、规格、尺寸、性能、开启方向、安装位置、连接方式及铝合金门窗的型材壁厚应符合设计要求。金属门窗的防腐处理及填嵌、密封处理应符合设计要求。

（2）金属门窗框和副框的安装必须牢固。预埋件的数量、位置、埋设方式、与框的连接方式必须符合设计要求。

（3）金属门窗扇必须安装牢固，并应开关灵活、关闭严密，无倒翘。推拉门窗扇必须有防脱落措施。

（4）金属门窗配件的型号、规格、数量应符合设计要求，安装应牢固，位置应正确，功能应满足使用要求。

5.2.2 一般项目

（1）金属门窗表面应洁净、平整、光滑、色泽一致，无锈蚀。大面应无划痕、碰伤。漆膜或保护层应连续。

（2）铝合金门窗推拉门窗扇开关力应不大于100N。

（3）金属门窗框与墙体之间的缝隙应填嵌饱满，并采用密封胶密封。密封胶表面应光滑、顺直，无裂纹。

（4）金属门窗扇的橡胶密封条或毛毡密封条应安装完好，不得脱槽。

（5）有排水孔的金属门窗，排水孔应通畅，位置和数量应符合设计要求。

（6）钢门窗安装的留缝限值、允许偏差和检验方法应符合表3.5.2-1规定。

钢门窗安装的留缝限值、允许偏差和检验方法   表 3.5.2-1

项次	项目		留缝限值（mm）	允许偏差（mm）	检验方法
1	门窗槽口宽度、高度	≤1500mm	—	2.5	用钢尺检查
		>1500mm	—	3.5	
2	门窗槽口对角线长度差	≤2000mm	—	5	用钢尺检查
		>2000mm	—	6	
3	门窗框的正、侧面垂直度		—	3	用1m垂直检测尺检查
4	门窗横框的水平度		—	3	用1m水平尺和塞尺检查
5	门窗横框标高		—	5	用钢尺检查
6	门窗竖向偏离中心		—	4	用钢尺检查
7	双层门窗内外框间距		—	5	用钢尺检查
8	门窗框、扇配合间隙		≤2	—	用塞尺检查
9	无下框时门扇与地面间留缝		4～8	—	用塞尺检查

（7）铝合金门窗安装的允许偏差和检验方法应符合表3.5.2-2规定。

铝合金门窗安装的允许偏差和体验方法   表 3.5.2-2

项次	项目		允许偏差（mm）	检验方法
1	门窗槽口宽度、高度	≤1500mm	1.5	用钢尺检查
		>1500mm	2	
2	门窗槽口对角线长度差	≤2000mm	3	用钢尺检查
		>2000mm	4	
3	门窗框的正、侧面垂直度		2.5	用垂直检测尺检查
4	门窗横框的水平度		2	用1m水平尺和塞尺检查
5	门窗横框标高		5	用钢尺检查
6	门窗竖向偏离中心		5	用钢尺检查
7	双层门窗内外框间距		4	用钢尺检查
8	推拉门窗扇与框搭接量		1.5	用钢直尺检查

（8）涂色镀锌钢板门窗安装的允许偏差和检验方法应符合表 3.5.2-3 规定。

涂色镀锌钢板门窗安装的允许偏差和检验方法　　　　　　　表 3.5.2-3

项次	项目		允许偏差（mm）	检 验 方 法
1	门窗槽口宽度、高度	≤1500mm	2	用钢尺检查
		>1500mm	3	
2	门窗槽口对角线长度差	≤2000mm	4	用钢尺检查
		>2000mm	5	
3	门窗框的正、侧面垂直度		3	用垂直检测尺检查
4	门窗横框的水平度		3	用 1m 水平尺和塞尺检查
5	门窗横框标高		5	用钢尺检查
6	门窗竖向偏离中心		5	用钢尺检查
7	双层门窗内外框间距		4	用钢尺检查
8	推拉门窗扇与框搭接量		2	用钢直尺检查

5.3 塑料门窗安装工程

5.3.1 主控项目

（1）塑料门窗的品种、类型、规格、尺寸、开启方向、安装位置、连接方式及嵌填密封处理应符合设计要求，内衬增强型钢的壁厚及设置应符合国家现行产品标准的质量要求。

（2）塑料门窗框、副框和扇的安装必须牢固。固定片或膨胀螺栓的数量与位置应正确，连接方式应符合设计要求。固定点应距窗角、中横框、中竖框 150～200mm，固定点间距应不大于 600mm。

（3）塑料门窗拼樘料内衬增强型钢的规格、壁厚必须符合设计要求，型钢应与型材内腔紧密吻合，其两端必须与洞口固定牢固。窗框必须与拼樘料连接紧密，固定点间距应不大于 600mm。

（4）塑料门窗扇应开关灵活、关闭严密、无倒翘。推拉门窗扇必须有防脱落措施。

（5）塑料门窗配件的型号、规格、数量应符合设计要求，安装应牢固，位置应正确，功能应满足使用要求。

（6）塑料门窗框与墙体间缝隙应采用闭孔弹性材料填嵌饱满，表面应采用密封胶密封。密封胶应粘结牢固，表面应光滑、顺直、无裂纹。

5.3.2 一般项目

（1）塑料门窗表面应洁净、平整、光滑，大面应无划痕、碰伤。

（2）塑料门窗扇的开关力应符合下列规定：

1）平开门窗扇平铰链的开关力应不大于 80N；滑撑铰链的开关力应不大于 80N，不不小于 30N。

2）推拉门窗扇的开关力不应大于 100N。

（3）玻璃密封条与玻璃及玻璃槽口的接缝应平整，不得卷边、脱槽。

（4）排水孔应畅通，位置和数量应符合设计要求。

（5）塑料门窗安装的允许偏差和检验方法应符合表3.5.3规定。

塑料门窗安装的允许偏差及检验方法　　　　　　表3.5.3

项次	项目		允许偏差(mm)	检验方法
1	门窗槽口宽度、高度	≤1500mm	2	用钢尺检查
		>1500mm	3	
2	门窗槽口对角线长度差	≤2000mm	3	用钢尺检查
		>2000mm	5	
3	门窗框的正、侧面垂直度		3	用1m垂直检测尺检查
4	门窗横框的水平度		3	用1m水平尺和塞尺检查
5	门窗横框标高		5	用钢尺检查
6	门窗竖向偏离中心		5	用钢直尺检查
7	双层门窗内外框间距		4	用钢尺检查
8	同樘平开门窗相邻扇高度差		2	用钢尺检查
9	平开门窗铰链部位配合间隙		+2;-1	用塞尺检查
10	推拉门窗扇与框搭接量		+1.5;-2.5	用钢尺检查
11	推拉门窗扇与竖框平等度		2	用1m水平尺和塞尺检查

5.4　特种门安装工程

5.4.1　主控项目

（1）特种门的质量和各项性能应符合设计要求。

（2）特种门的品种、类型、规格、尺寸、开启方向、安装位置及防腐处理应符合设计要求。

（3）带有机械装置、自动装置或智能化装置的特种门，其机械装置、自动装置或智能化装置的功能应符合设计要求和有关标准的规定。

（4）特种门的安装必须牢固。预埋件的数量、位置、埋设方式、与框的连接方式必须符合设计要求。

（5）特种门的配件应齐全，位置应正确，安装应牢固，功能应满足使用要求和特种门的各项性能要求。

5.4.2　一般项目

（1）特种门的表面装饰应符合设计要求。

（2）特种门的表面应洁净，无划痕、碰伤。

（3）推拉自动门安装的留缝限值、允许偏差和检验方法应符合表3.5.4-1规定。

推拉自动门安装的留缝限值、允许偏差和检验方法　　　　表3.5.4-1

项次	项目		留缝限值(mm)	允许偏差(mm)	检验方法
1	门槽口宽度、高度	≤1500mm	—	1.5	用钢尺检查
		>1500mm	—	2	

项次	项目		留缝限值 （mm）	允许偏差 （mm）	检验方法
2	门槽口对角 线长度差	≤2000mm	—	2	用钢尺检查
		>2000mm	—	2.5	
3	门框的正、侧面垂直度		—	1	用1m垂直检测尺检查
4	门构件装配间隙		—	0.3	用塞尺检查
5	门梁导轨水平度		—	1	用1m水平尺和塞尺检查
6	下导轨与门梁导轨平行度		—	1.5	用钢尺检查
7	门扇与侧框间留缝		1.2～1.8	—	用塞尺检查
8	门扇对口缝		1.2～1.8	—	用塞尺检查

（4）推拉自动门的感应时间限值和检验方法应符合表3.5.4-2规定。

推拉自动门的感应时间限值和检验方法 表3.5.4-2

项次	项　目	感应时间限值(s)	检验方法
1	开门响应时间	≤0.5	用秒表检查
2	堵门保护延时	16～20	用秒表检查
3	门扇全开启后保持时间	13～17	用秒表检查

（5）旋转门安装的允许偏差和检验方法应符合表3.5.4-3规定：

旋转门安装的允许偏差和检验方法 表3.5.4-3

项次	项　目	允许偏差(mm)		检验方法
		金属框架玻 璃旋转门	木质旋转门	
1	门扇正、侧面垂直度	1.5	1.5	用1m垂直检测尺检查
2	门扇对角线长度差	1.5	1.5	用钢尺检查
3	相邻扇高度差	1	1	用钢尺检查
4	扇与圆弧边留缝	1.5	2	用塞尺检查
5	扇与上顶间留缝	2	2.5	用塞尺检查
6	扇与地面间留缝	2	2.5	用塞尺检查

5.5 门窗玻璃安装工程

5.5.1 主控项目

（1）玻璃的品种、规格、尺寸、色彩、图案和涂膜朝向应符合设计要求。单块玻璃大于1.5m² 时应使用安全玻璃。

（2）门窗玻璃裁割尺寸应正确。安装后的玻璃应牢固，不得有裂纹、损伤和松动。

（3）玻璃安装的方法应符合设计要求。固定玻璃的钉子或钢丝卡的数量、规格应保证玻璃安装牢固。

（4）镶钉木压条接触玻璃处，应与裁口边缘齐平。木压条应相互紧密连接，并与裁口边缘紧贴，割角应整齐。

（5）密封条与玻璃、玻璃槽口的接触应紧密、平整。密封胶与玻璃、玻璃槽口的边缘应粘结牢固、接缝平齐。

（6）带密封条的玻璃压条，其密封条必须与玻璃全部贴紧，压条与型材之间应无明显缝隙，压条接缝应不大于 0.5mm。

5.5.2 一般项目

（1）玻璃表面应洁净，不得有腻子、密封胶、涂料等污渍。中空玻璃内外表面均应洁净，玻璃中空层内不得有灰尘和水蒸气。

（2）门窗玻璃不应直接接触型材，应在玻璃四边垫上不同作用的垫块，中空玻璃的垫块宽度应与中空玻璃的厚度相匹配；单面镀膜玻璃的镀膜层及磨砂玻璃的磨砂面应朝向室内；中空玻璃的单面镀膜玻璃应在最外层，镀膜层应朝向室内。

（3）腻子应填抹饱满、粘结牢固；腻子边缘与裁口应平齐。固定玻璃的卡子不应在腻子表面显露。

5.6 门窗各分项工程的检验批划分

（1）同一品种、类型和规格的木门窗、金属门窗、塑料门窗及门窗玻璃每 100 樘应划分为一个检验批，不足 100 樘也应划分为一个检验批。

（2）同一品种、类型和规格的特种门每 50 樘应划分为一个检验批，不足 50 樘也应划分为一个检验批。

5.7 门窗工程隐蔽验收项目

5.7.1 门窗工程隐蔽验收检查内容

依据施工图纸、有关施工验收规范要求和施工方案、技术交底，检查预埋件和锚固件、螺栓等数量、位置、间距、埋设方式、与框的连接方式、防腐处理、缝隙的嵌填、密封材料的粘结等情况。

5.7.2 门窗工程隐蔽验收填写要点

门窗工程隐检记录中要注明施工图纸编号，门窗的类型（木门窗、铝合金门窗塑料门窗、玻璃门、金属门、防火门），预埋件和锚固件的位置，木门窗预埋件木砖的防腐处理，与墙体间缝隙的填嵌材料，保温材料等；金属门窗的预埋件位置，埋设方式、密封处理等情况；塑料门窗内衬型钢的壁厚尺寸，门窗框、副框和扇的安装固定片活膨胀螺栓的数量等情况要描述清楚，特种门窗的防水防腐处理，与框的连接方式等。

第4章 吊 顶 工 程

吊顶工程应满足设计要求，保证使用功能，安全、耐久、防火节能、环保，工程细腻，工艺考究，观感质量优良，尤其要注意以下几方面：
(1) 强调深化设计及二次设计，注意对板块吊顶的排版；
(2) 注意吊顶工程与各专业设备安装的协调；
(3) 注意吊顶工程与其他工程交接部位的收口处理，吊顶工程本身不同材料、不同部位的交叉、交圈对口、收口。

1 吊顶工程施工主要相关规范标准

本条所列的是与吊顶工程施工相关的主要国家和行业标准，也是项目部须配置的（面层材料除外），且在施工中经常查看的规范标准。地方标准由于各地要求不一致，未进行列举，但在各地施工时必须参考。

1.1 材料规范

吊顶材料相关规范 表 4.1.1

序号	吊顶分类(基层)	类别	相 关 规 范
1	金属板吊顶	铝单板	《建筑装饰用铝单板》GB/T 23443
		铝条板	
		铝格栅	
		铝塑板	《普通装饰用铝塑复合板》GB/T 22412
		其他金属板	《金属及金属复合材料吊顶板》GB/T 23444
2	纸面石膏板吊顶	普通纸面石膏板	《纸面石膏板》GB/T 9775
		耐水纸面石膏板	
3	木质胶合板吊顶	胶合板	《胶合板》GB/T 9846
		木线条	《木线条》GB/T 20446
4	纤维类块材饰面板吊顶	矿棉板	《矿物棉装饰吸声板》JC/T 670
		硅钙板	《纤维增强硅酸钙板》JC/T 564
5	玻璃板吊顶	玻璃板	《建筑用安全玻璃》GB 15763 《阳光控制镀膜玻璃》GB/T 18915.1
6	基层龙骨	轻钢龙骨	《建筑用轻钢龙骨》GB/T 11981
7	基层材料	细木工板	《细木工板》GB/T 5849

1.2 质量验收及相关资料规范

《建筑装饰装修工程质量验收规范》GB 50210
《住宅装饰装修工程施工规范》GB 50327
《住宅室内装饰装修工程质量验收规范》JGJ/T 304
《木结构工程施工质量验收规范》GB 50206
《建筑工程施工质量验收统一标准》GB 50300
《建设工程文件归档整理规范》GB/T 50328

1.3 相关防火、环保规范

《民用建筑工程室内环境污染控制规范》GB 50325
《室内装饰装修材料内墙涂料中有害物质限量》GB 18582
《室内装饰装修材料人造板及其制品中甲醛释放限量》GB 18580
《室内装饰装修材料胶粘剂中甲醛释放限量》GB 18583
《建筑内部装修防火施工及验收规范》GB 50354
《建筑设计防火规范》GB 50016
《高层民用建筑设计防火规范》GB 50045
《建筑内部装修设计防火规范》GB 50222

1.4 相关图集

《轻钢龙骨石膏板隔墙、吊顶》07CJ03—1
《内装修－室内吊顶》12J502—2

2 吊顶工程强制性条文

2.1 《建筑装饰装修工程施工质量验收规范》GB 50210—2001 强制性条文

（第6.1.12条）重型灯具、电扇及其他重型设备严禁安装在吊顶工程的龙骨上。

2.4 《建筑内部装修设计防火规范》GB 50222—95（2001年局部修订版）强制性条文

（1）（第3.2.3条）当同时装有火灾自动报警装置和自动灭火系统时，其顶棚装修材料的燃烧性能可在表3.2.1规定的基础上降低一级，其他装修材料的燃烧性能等级可不限制；

（2）（第3.4.2条）地下民用建筑的疏散走道和安全出口的门厅，其顶棚、墙面和地面的装修材料应采用A级装修材料。

（3）（第3.1.2条）除地下建筑外，无窗房间的内部装修材料的燃烧性能等级，除A级外，应在本规范规定的基础上提高一级；

（4）（第3.1.6条）无自然采光楼梯间、封闭楼梯间、防烟楼梯间的顶棚、墙面和地面均应采用 A 级装修材料；

（5）（第 3.1.13 条）地上建筑的水平疏散走道和安全出口的门厅，其顶棚装修材料应采用 A 级装修材料，其他部位应采用不低于 B1 级的装修材料；

（6）（第 3.1.18 条）当歌舞厅、卡拉 OK 厅（含具有卡拉 OK 功能的餐厅）、夜总会、录像厅、放映厅、桑拿浴（除洗浴部分外）、游艺厅（含电子游艺厅）、网吧等歌舞娱乐场所（以下简称歌舞娱乐放映游艺场所）设置在一、二级耐火等级建筑的四层及四层以上时，室内装修的顶棚材料应采用 A 级装修材料，其他部位应采用不低于 B1 级的装修材料；设置在地下一层时，室内装修的顶棚、墙面材料应采用 A 级装修材料，其他部位采用不低于 B1 级的装修材料。

2.5　《建筑电气照明装置施工与验收规范》GB 50617—2010 强制性条文

（第 4.1.15 条）质量大于 10kg 的灯具，其固定装置应按 5 倍灯具重量的恒定均布载荷全数作强度试验，历时 15min，固定装置的部件应无明显变形。

3　吊顶及其他设备端的综合排版

吊顶工程应牢固美观、吊顶面的各种灯具、风口、喷淋、烟感、检修口和各种终端设备应做到整体规划，位置整齐美观、与面板交接严密。各种孔洞收边、收口做法和材料使用得当，其颜色与吊顶饰面板相适应，安装时应严格控制整体性、刚度和承载力。

为了保证天花吊顶施工最终效果，在施工前，由精装修驻场设计人员（技术人员）根据现场放线实际尺寸，将强电、弱电、设备、消防及精装图纸进行汇总并重新排版，在不违反规范要求的情况下，合理排布各种设备末端的位置、高度，以及装修面层（板块饰面、整体饰面）的分缝、分隔，使各吊顶饰面板上的灯具、烟感、温感、喷淋头、风口、广播、摄像头等设备的位置应合理、美观，各种设备末端应放置于板块饰面中心或者整体面层的适当位置，且应与饰面的交接应吻合、严密。

板块饰面整体排版时，一般应左右、前后对称排布，如地面板块与吊顶板块规格相同时，顶、地宜呼应，且不宜出现小于 1/2 板块的小块出现。

图 4.3-1　明龙骨吊顶各种设备综合排布示例图

图 4.3-2　明龙骨吊顶板块排版示例图

图 4.3-3 金属铝条板吊顶板块排版示例图　　　图 4.3-4 暗龙骨石膏板吊顶板块及
　　　　　　　　　　　　　　　　　　　　　　　　　　设备综合排版示例图

4 吊顶工程原材料的现场管理

4.1 吊顶材料进场

4.1.1 吊顶材料（含面层材料及基层材料）的品种、规格和质量应符合设计要求和国家现行标准的规定。当设计无要求时，应符合国家现行标准的规定。严禁使用国家明令淘汰的材料。

4.1.2 吊顶材料进场时应对品种、规格、外观和尺寸进行验收。材料包装应完好，应有产品合格证书、中文说明书及相关性能的检测报告；进口产品应按规定进行商品检验。

【备注："质量合格证明文件"是指：随同进场材料或产品一同提供的、有效的中文质量状况证明文件。通常包括型式检验报告、出厂检验报告、出厂合格证等。进口产品还应包括出入境商品检验合格证明。】

材料包装应完好

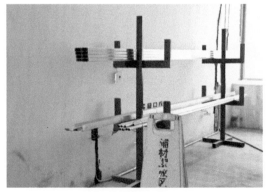

图 4.4.1-1 吊顶材料室外码放示例图　　　图 4.4.1-2 轻钢龙骨架空码放示例图

76

4.1.3 进口木材、木产品、构配件，以及金属连接件等，应有产地国的产品质量合格证书和产品标识，并应符合合同技术条款的规定（GB 50206—3.0.9）。

4.1.4 吊顶材料进场检查验收（包括面层材料和基层材料），要由项目部专业工程师负责组织质检员、专业工长、试验员、材料员以及监理共同参加的联合检查验收，检查内容包括：产品的材质、品种、规格、型号、数量、外观质量、产品出厂合格证及其他应随产品交付的技术资料是否符合要求（并根据检测报告机构预留电话及时查验技术资料真伪），有无破损、弯曲、变形等现象。

4.2 吊顶材料管理

4.2.1 原则上吊顶材料均应堆放在室内干燥、平整的库房内，并由库管员进行统一管理。部分材料无法及时运送至室内或由于体积较大室内无法安置时，在室外放置应做好材料覆盖、围挡工作，防止曝晒、雨淋、磕碰及丢失。

4.2.2 吊顶材料应按照不同材料的要求分别进行放置，并按照材料的规格、型号、等级、颜色进行分类贮存，并挂标识牌，注明产地、规格、品种、数量、检验状态（合格、不合格、待检）、检验日期等。

图 4.4.2-1 进场材料分类放置标识牌示例图

图 4.4.2-2 标识牌填写内容示例图

4.2.3 对于需要先复试后使用的产品，由项目试验员严格按照相关规定进行取样，送试验室复验，材料复试合格后方可使用。专业工程师对材料的抽样复试工作要进行检查监督。

4.2.4 在进行材料的检验工作完成后，相关的内业工作（产品合格证、试验报告等质量证明文件）要及时收集、整理、归档。

4.2.5 吊顶材料进场应建立材料收发料制度，建立材料收发料台账。材料的检验工作完成并合格后，由项目部专业工程师负责填写吊顶材料发料单，并由库管员负责将材料发放给各施工作业队。

4.2.6 吊顶材料在运输、搬运、安装、存放过程中，必须采取有效措施，防止受潮、变形、变质、损坏板材的表面和边角及污染环境。

4.3 吊顶材料检验

4.3.1 吊顶材料进场后需要进行复验的材料种类及项目应符合《建筑装饰装修工程质量验收规范》GB 50210 第 6 章的相关规定。同一厂家生产的同一品种、同一类型的进场材料应至少抽取一组样品进行复验，当合同另有约定时应按合同执行。

4.3.2 吊顶材料的燃烧性能应符合现行国家标准《建筑内部装修设计防火规范》GB 50222、《建筑设计防火规范》GB 50016 和《高层民用建筑设计防火规范》GB 50045 的规定。

单层、多层民用建筑内部各部位装修材料的燃烧性能等级　表 4.4.3-1

建筑物及场所	建筑规模、性质	顶棚装修材料燃烧性能等级
候机楼的候机大厅、商店、餐厅、贵宾候机室、售票厅等	建筑面积＞10000m² 的候机楼	A
	建筑面积≤10000m² 的候机楼	A
汽车站、火车站、轮船客运站的候车(船)室、餐厅、商场等	建筑面积＞10000m² 的车站、码头	A
	建筑面积≤10000m² 的车站、码头	B1
影院、会堂、礼堂、剧院、音乐室	＞800 座位	A
	≤800 座位	A
体育馆	＞3000 座位	A
	≤3000 座位	A
商场营业厅	每层建筑面积＞3000m² 或总建筑面积＞9000m² 的营业厅	A
	每层建筑面积 1000～3000m² 或总建筑面积 3000～9000m² 的营业厅	A
	每层建筑面积＜1000m² 或总建筑面积＜3000m² 的营业厅	B1
饭店、旅馆的客房及公关活动用房等	设有中央空调系统的饭店、旅馆	A
	其他饭店、旅馆	B1
歌舞厅、餐馆等娱乐、餐饮建筑	营业面积＞100m²	A
	营业面积≤100m²	B1
幼儿园、托儿所、中小学、医院病房楼、疗养院、养老院		A
纪念馆、展览馆、博物馆、图书馆、档案馆、资料馆等	国家级、省级	A
	省级以下	B1
办公楼、综合楼	设有中央空调系统的办公楼、综合楼	A
	其他办公楼、综合楼	B1
住宅	高级住宅	B1
	普通住宅	B1

【备注：1. 单层、多层民用建筑除《建筑内部装修设计防火规范》2001 年修订条文中第 3.1.18 条规定外，室内调度装修材料的燃烧性能等级，不应低于 GB 50222 表 3.2.1 的规定。2. 单层、多层民用建筑除《建筑内部装修设计防火规范》2001 年修订条文中第 3.1.18 条规定外，面积小于 100m² 的房间，当采用防火墙和甲级防火门窗与其他部位分

隔时，其装修材料的燃烧性能等级可在 GB 50222 表 3.2.1 的基础上降低一级。3. 当单层、多层民用建筑除《建筑内部装修设计防火规范》2001 年修订条文中第 3.1.18 条规定外，需做内部装修的空间内同时装有火灾自动报警装置和自动灭火系统时，其顶棚装修材料的燃烧性能等级可在 GB 50222 表 3.2.1 的基础上降低一级。】

地下民用建筑内部各部位装修材料的燃烧性能等级　　　　表 4.4.3-2

建筑物及场所	顶棚装修材料燃烧性能等级
休息室和办公室等 旅馆的客房及公共活动用房等	A
娱乐场所、旱冰场等 舞厅、展览厅等 医院的病房、医疗用房等	A
电影院的观众厅 商场的营业厅	A
停车库、人行通道、图书资料库、档案库	A

【备注：1. 地下民用建筑系指单层、多层、高层民用建筑的地下部分，单独建造在地下的民用建筑以及平战结合的地下人防工程。2. 地下民用建筑的疏散走道和安全出口的门厅，其顶棚的装修材料应采用 A 级装修材料。3. 单独建造的地下民用建筑的地上部分，其门厅、休息室、办公室等内部装修材料的燃烧性能等级可在 GB 50222 表 3.4.1 的基础上降低一级。】

高层民用建筑内部各部分装修材料的燃烧性能等级　　　　表 4.4.3-3

建筑物	建筑规模、性质	顶棚装修材料燃烧性能等级
高级旅馆	>800 座位的观众厅、 会议厅、顶层餐厅	A
	≤800 座位的观众厅、 会议厅、顶层餐厅	A
	其他部位	A
商业楼、展览馆、综合楼、 商住楼、医院病房楼	一类建筑	A
	二类建筑	B1
电信楼、财贸金融楼、邮政楼、广播 电视楼、电力调度楼、防灾指挥调度楼	一类建筑	A
	二类建筑	B1
教学楼、办公楼、科研楼、 档案楼、图书馆	一类建筑	A
	二类建筑	B1
住宅、普通旅馆	一类建筑	A
	二类建筑	B1

【备注：1. 高层民用建筑室内吊顶装修材料的燃烧性能等级，不应低于 GB 50222 表 3.3.1 的规定。2. 高层民用建筑的裙房内面积小于 $500m^2$ 的房间，当设有自动灭火系统，并且采用耐火等级不低于 2h 的隔墙、甲级防火门、窗与其他部位分隔时，顶棚装修材料的燃烧等级可在 GB 50222 表 3.3.1 的基础上降低一级。3. 电视塔等特殊高层建筑的内部装修，装饰织物的燃烧性能等级应不低于 B1 级，其他均应采用 A 级装修材料。4. 防烟分区的挡烟垂壁，应采用燃烧性能等级为 A 级的材料。】

民用建筑特定房间吊顶装修材料的燃烧性能等级　　　　表 4.4.3-4

建筑物及场所	吊顶装修材料 燃烧性能等级	备　注
图书室、资料室、档案室和存放文物的房间	A	—
大中型电子计算机房、中央控制室、电话总机房等放置特殊贵重设备的房间	A	—
消防水泵房、排烟机房、固定灭火系统钢瓶间、配电室、变压器室、通风和空调机房等	A	—
无自然采光楼梯间、封闭楼梯间、防烟楼梯间及其前室	A	—
建筑物内的厨房	A	—
地上建筑的水平疏散走道和安全出口的门厅	A	—
设有上下层相连通的中庭、走马廊、开敞楼梯、自动扶梯时，其连通部位	A	—
歌舞厅、卡拉 OK 厅（含具有卡拉 OK 功能的餐厅）、夜总会、录像厅、放映厅、桑拿浴室（除洗浴部分外）、游艺厅（含电子游艺厅）网吧等歌舞娱乐放映游艺场所	A	当设置在一、二级耐火等级建筑的四层及四层以上时
	A	当设置在地下一层时

【备注：除地下建筑外，无窗房间、经常使用明火器具的餐厅、科研实验室，装修材料的燃烧性能等级，除 A 级外，应在 GB 50222 表 13.2.1 和表 3.3.1 规定的基础上提高一级。】

4.3.3　吊顶材料应符合国家有关建筑装饰装修材料有害物质限量标准的规定。民用建筑工程根据控制室内环境污染的不同要求，划分为以下两类：

（1）Ⅰ类民用建筑工程：住宅、医院、老年建筑、幼儿园、学校教室等民用建筑工程；

（2）Ⅱ类民用建筑工程：办公楼、商店、旅馆、文化娱乐场所、书店、图书馆、展览馆、体育馆、公共交通等候室、餐厅、理发店等民用建筑工程。

4.3.4　吊顶工程木龙骨、木吊杆和木饰面施工所用材料、构配件的材质等级应符合设计文件的规定。可使用力学性能、防火、防护性能超过设计文件规定的材质等级的相应材料、构配件替代。当通过等强（等效）换算出来进行材料、构配件替代时，应经设计单位复核，并应签发相应的技术文件认可。

4.3.5　当顶棚或墙面表面局部采用多孔或泡沫状塑料时，其厚度不应大于 15mm，且面积不得超过该房间顶棚或墙面积的 10%。

吊顶材料检验、复验一览　　　　表 4.4.3-5

序号	材料名称	规格(mm)	检验批次	进场复验项目	执行标准
1	细木工板	1220×2440 ×18	①同一地点、同一类别、同一规格的产品为一验收批。②随机抽取 3 份，并立即用不释放或吸附甲醛的包装材料将样品封样。③民用建筑工程室内装修中采用的人造木板或饰面人造木板面积大于 500m² 时，应对不同产品、不同批次材料的游离甲醛含量或游离甲醛释放量分别进行抽查复验	游离甲醛释放量	GB/T 5849 GB 18580 GB 50325
	饰面木板	—			GB/T 15104 GB 18580 GB 50325
	木线条	—			GB 18580 GB 50325

80

序号	材料名称	规格(mm)	检验批次	进场复验项目	执行标准
1	防火处理过的细木工板	1220×2440×18	同一地点、同一类别、同一规格的产品为一验收批	燃烧性能	GB 50222 GB 50016 GB 50045
	经防火处理的饰面木板	—			
2	纸面石膏板、石膏板	1220×2400×9.5	同一品种的吊顶工程每50间(大面积房间和走廊按吊顶面积30m² 为一间)应划分为一个检验批,不足50间也应划分为一个检验批。每个检验批应至少抽查10%并不得少于3间,不足3间时应全数检查	燃烧性能、放射性	GB 50325
3	防火涂料	—	样品的最少量应为2kg或完成规定试验所需量的3~4倍。每个单位工程不少于一次	燃烧性能	GB 12441
				游离甲醛释放量	GB 18582 GB/T 3186
4	胶粘剂	—	同一批产品中随机抽取三分样品,每份不小于0.5kg	游离甲醛释放量、总挥发性有机化合物、苯含量、甲苯、十二甲苯含量	GB 18583
5	矿棉板	600×600	同一品种的吊顶工程每50间(大面积房间和走廊按吊顶面积30m² 为一间)应划分为一个检验批,不足50间也应划分为一个检验批。每个检验批应至少抽查10%并不得少于3间,不足3间时应全数检查	断裂荷载、受潮挠度、降噪系数、燃烧性能	JC/T 670 GB 50222
6	硅钙板	600×600		抗折强度、湿胀率、导热系数、燃烧性能	GB 50222 JC/T 564.1/2
7	纤维水泥板	—		抗折强度、湿胀率、燃烧性能	JC/T 412.1/2 GB 50222

5 吊顶工程的操作要求

5.1 一般规定

5.1.1 装饰装修工程应在基体或基层的质量验收合格后施工。对既有建筑进行装饰装修前,应对基层进行处理并达到《建筑装饰装修工程质量验收规范》的要求。

5.1.2 建筑装饰装修工程施工前应有主要材料的样板或做样板间(件),并应经有关各方确认。

【备注:在施工前应进行样板工序施工,并经有关各方确认。】

5.1.3 安装龙骨前,应按设计要求对房间净高、洞口标高和吊顶内管道、设备及其支架的标高进行交接检验。另外,吊顶标高线、控制线及各设备点位线的弹放应统一协调,符合现场放线标准化要求。

【备注:提前进行吊顶标高线、控制线及造型线的弹放,确认吊顶与各设备、洞口、结构梁等的关系,如出现与设计标高发生冲突时,及时反馈给建设方及设计方进行修改或补充。】

图 4.5.1-1　弹放吊顶标高线与梁的关系示例图　　　图 4.5.1-2　吊顶标高线与门窗洞口关系示例图

5.1.4　吊顶工程的木吊杆、木龙骨和木质饰面板必须进行防火处理，并应符合有关设计防火规范的规定。

【备注：1. 木龙骨、木质饰面板进行阻燃处理前，表面不得涂刷油漆；2. 在进行阻燃处理时，木质材料含水率不应大于12％；3. 现场进行阻燃施工时，应检查阻燃剂的用量、适用范围、操作方法，并严格按使用说明书的要求进行；4. 木质材料所有表面都应进行阻燃剂的涂刷或浸渍；5. 木质材料表面粘贴装饰表面或阻燃饰面时，应先对木质材料进行阻燃处理；6. 木质材料表面进行防火涂料处理时，应对木质材料的所有表面进行均匀涂刷，且不应少于2遍，第二遍涂刷应在第一遍涂层表面干后进行，涂刷防火涂料用量不应少于 $500g/m^2$ 。】

图 4.5.1-3　吊顶木质基层板面　　　　　图 4.5.1-4　吊顶木龙骨表面涂
　　涂刷防火涂料示例图　　　　　　　　　刷防火涂料示例图

5.1.5　吊顶工程中的预埋件、钢筋吊杆、自攻螺丝和型钢吊杆等都应进行防锈处理。

5.1.6　安装饰面板应完成吊顶内管道和设备的调试及验收。验收时应特别注意检查吊顶内吊杆（反支撑龙骨、角钢等）、龙骨等基层不应直接与能产生振动的风道、风机盘管、吊扇预埋件等接触。

5.1.7　吊杆距主龙骨端部距离不得大于 300mm，当大于 300mm 时，应增加吊杆。当吊杆长度大于 1.5m 时，应设置反支撑。当吊杆与设备相遇时，应调整并增设吊杆。

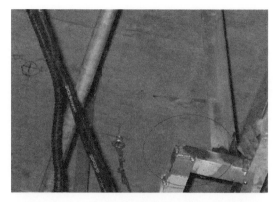
图 4.5.1-5　吊顶反支撑角钢防锈处理示例图

图 4.5.1-6　吊顶转换层角钢防锈处理示例图

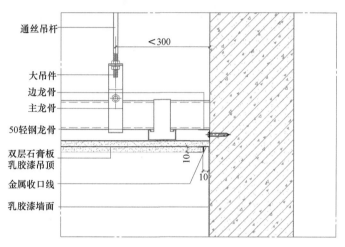

图 4.5.1-7　吊杆端部节点示意图

图 4.5.1-8　吊杆距主龙骨端部＜300mm示例图

图 4.5.1-9　吊杆距主龙骨端部＜300mm示例图

5.1.8　大于3kg的重型灯具、电扇及其他重型设备严禁安装在吊顶工程的龙骨上，应另设吊挂件与结构连接。

【备注：一般情况下，通风、水电等洞口周围应根据设计要求设附加龙骨，附加龙骨的连接用拉铆钉锚固；轻型普通灯具、风口及检修口等应设附加吊杆和补强龙骨；当灯具、电扇及其他重型设备重量在3～10kg时，应单独设置与结构楼板固定的悬挂件（角铁、圆钢等材质，砌筑吊钩使用的圆钢直径不应小于灯具挂销直径，且不应小于6mm）或等效吊杆进行安装；当超过10kg的重型设备、大型吊灯安装时，后置悬挂件的设置必须经过设计单位的荷载计算及现场拉拔试验（达到设备重量的5倍的恒定均布载荷全数做强度试验，历时15min，固定装置的部件应无明显变形）后方可进行施工，其固定装置应该在预埋铁板上焊接或者后锚固（金属螺栓或金属膨胀螺栓）等方式安装。】

后置加固件

图 4.5.1-10　吊顶重型灯具加固后置预埋件示例图　　　图 4.5.1-11　吊顶重型灯具加固吊杆示例图

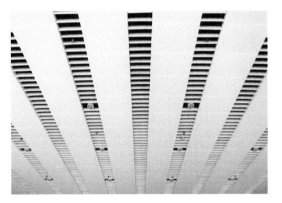

图 4.5.1-12　轻型筒灯单独吊杆固定示例图 1　　　图 4.5.1-13　轻型筒灯单独吊杆固定示例图 2

图 4.5.1-14　灯具附加龙骨示例图　　　　　图 4.5.1-15　通风风口附加龙骨示例图

5.1.9　吊杆、龙骨的安装间距、连接方式应符合设计要求。后置埋件、金属吊杆、龙骨应进行防腐处理。木吊杆、木龙骨、造型木板和木饰面板应进行防腐、防火、防蛀处理。

5.1.10　吊顶内填充的吸音、保温材料的品种和铺设厚度应符合设计要求，并应有防散落措施。

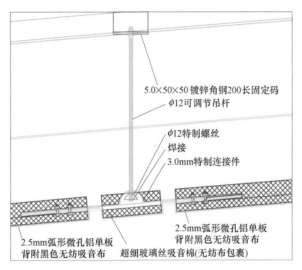

图 4.5.1-16　铝单板吊顶内填充玻璃丝棉吸音材料示意图

图 4.5.1-17　铝板吊顶背衬吸音无纺布示例图

图 4.5.1-18　吊顶内背衬无纺布包裹
玻璃丝吸音棉示例图

图 4.5.1-19　饰面板灯具、指示牌等排布示例图

图 4.5.1-20　饰面板灯具、风口、喷淋等排布示例图

5.1.11　饰面板上的灯具、烟感器、喷淋头、风口篦子等设备的位置应合理、美观，与饰面板交接处应严密。

图 4.5.1-21　饰面板广播、喷淋居中布置示例图

图 4.5.1-22　饰面板风口、喷淋及格栅灯等排布示例图

5.1.12　吊顶与墙面、窗帘盒的交接应符合设计要求。

图 4.5.1-23　铝单板吊顶与墙面留缝收口示例图

图 4.5.1-24　铝方通吊顶与墙面留缝收口示例图

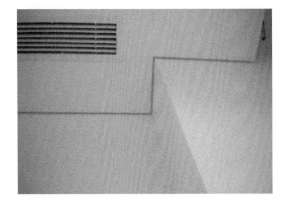

图 4.5.1-25　石膏板乳胶漆吊顶示例图

图 4.5.1-26　石膏板与墙面留槽收口示例图

图 4.5.1-27 吊顶与墙面采用石膏
角线收口示例图 1

图 4.5.1-28 吊顶与墙面采用石膏
角线收口示例图 2

(a)

(b)

图 4.5.1-29 吊顶与墙面采用边龙骨进行收口处理示例图

图 4.5.1-30 石膏板吊顶与窗帘盒收口示例图

图 4.5.1-31 矿棉板吊顶与窗帘盒收口示例图

5.1.13 搁置式轻质饰面板,应按设计要求设置压卡装置。

5.1.14 吊顶应按设计要求及使用功能留设检修口、上人孔。

【备注:不上人吊顶一般设置检修口,上人吊顶一般设置上人孔。检修口及上人孔设置应以方便检修、美观等为原则,一般设置在需要检修的设备下或设备周边,设备通常包括空调风机盘管、排风轴流风机、给排水管道、通风管道及消防管道阀门等。】

图 4.5.1-32　卫生间吊顶隐蔽式检修口示例图

图 4.5.1-33　房间吊顶风机盘管处检修口示例图

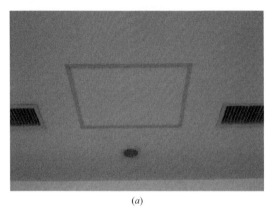

(a)　　　　　　　　　　　　　　　(b)

图 4.5.1-34　石膏板吊顶边框式检修口示例图

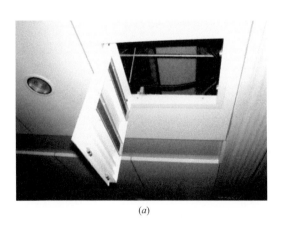

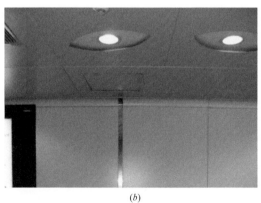

(a)　　　　　　　　　　　　　　　(b)

图 4.5.1-35　铝板吊顶明边框式检修口示例图

5.1.15　吊顶灯光片的材质、规格应符合设计要求，应有隔热、散热措施，并应安装牢固、便于维修。

【备注：1. 灯具表面及其附件等高温部位靠近可燃物时，应采取隔热、散热等防火保护措施。以卤钨灯或额定功率大于等于100W的白炽灯泡为光源时，其吸顶灯、槽灯、嵌入灯应采用瓷质灯头，引入线应采用瓷管、矿棉等不燃材料作隔热保护。2. 当镇流器、触发器、应急电源等灯具附件与灯具分离安装时，应固定可靠；在顶棚内安装时，不得直接固定在顶棚上。3. 当吊顶能照明设施采用凹式灯箱时，灯箱外罩材料应采用不燃或耐燃材料，灯箱内部侧面应设置散热孔（散热孔的孔径、间距等应根据灯箱内灯具的发热量进行计算确认），并且散热孔应粘贴（钉固）金属纱网防虫。】

5.2 作业条件

5.2.1 施工前应熟悉现场、图纸及设计说明，根据不同情况进行实际操作。

5.2.2 设计要求对房间的净高、洞口标高和吊顶内的管道、设备及其支架标高进行交接检验。

5.2.3 隐蔽验收记录和吊顶材料复试报告准备完毕，并全部合格。

5.2.4 设备安装完成，罩面板安装前，吊顶内各种管道、管线及设备应检验、试水、试压验收合格。

5.2.5 面板安装前，墙、柱面装饰基本完成，涂料只剩最后一遍面漆并经验收合格。当墙面、柱面为装饰石材、陶瓷墙砖或木装修时，宜先完成墙面、柱面后再进行吊顶面材安装工作。

5.2.6 当建筑外墙砌筑未完成和外窗未安装完毕时，不得进行纸面石膏板、矿棉吸声板或其他板材的安装。

5.3 暗龙骨吊顶

5.3.1 操作工艺

弹吊顶水平线、画龙骨分档线→固定吊杆挂件→安装边龙骨→安装主龙骨→安装次龙骨→安装罩面板。

5.3.2 基层施工

（1）按照吊顶平面图，在顶板上弹出主龙骨及吊杆位置，如遇到顶板过高无法弹制时，也可将线弹放在楼板上；主龙骨宜平行房间长向布置，一般从吊顶中心向两边分；主龙骨及吊杆间距均为 900～1200mm，一般取 1000mm。当吊杆与设备相遇时，应调整并增设吊杆。

图 4.5.3-1 吊顶设备点位弹放至地面示例图

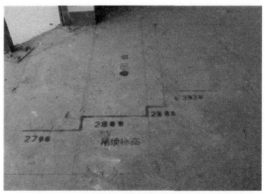

图 4.5.3-2 吊顶标高线弹放至地面示例图

图 4.5.3-3 主龙骨从中心向两边分示例图

图 4.5.3-4 主龙骨从中心向两边分示例图

图 4.5.3-5 设备管道影响处增加吊杆示例图

图 4.5.3-6 通风管道影响出增加吊杆示例图

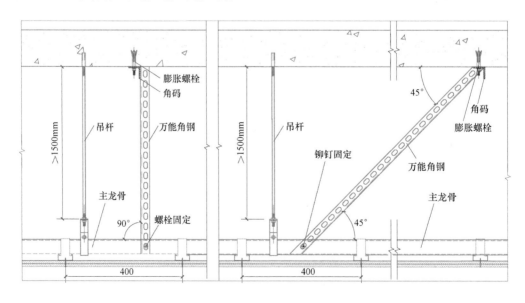

图 4.5.3-7 90°反支撑设置及 45°反支撑设置示意图

（2）宜采用膨胀螺栓固定吊挂杆件；不上人吊顶，通常采用 M8 通丝吊杆；上人吊顶，通常采用 M10 通丝吊杆。吊杆在封顶前调整顺直，不得弯曲、变形。

当吊杆长度大于 1.5m 时，应设置反支撑。反支撑设置通常有以下几种做法：

1）采用角钢或主龙骨一端固定在楼板上，另一端与吊顶主龙骨锚固（垂直锚固或呈一定角度锚固）进行支撑，反支撑安装通常在 2m 范围内呈梅花状分布。

图 4.5.3-8　采用轻钢龙骨斜撑式反支撑示例图　　图 4.5.3-9　采用角钢横撑式反支撑示例图

2）采用吊杆通长拉结加固，在距吊顶主龙骨 450～600mm 位置，垂直于主龙骨方向用吊杆与吊顶吊杆通长焊接（防锈处理到位），横向增加吊杆与墙体固定，在间距 2m 范围内加设一定角度 45°小斜撑。

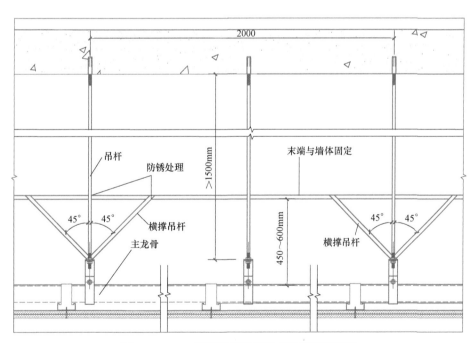

图 4.5.3-10　采用吊杆进行反支撑设置示意图

3）采用直径为吊杆 2 倍的镀锌金属管进行套固，对吊杆起到加粗、加固，增强抗变形能力。

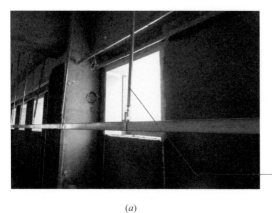

(a)   *(b)*

图 4.5.3-11　采用镀锌金属管式反支撑示例图

4）当吊杆长度过长（＞3000mm）、吊杆间距过大或者吊顶内存在设备、管道过多时，宜采用角钢在吊顶内制作一道吊顶转换层，将吊杆安装规范要求固定在转换层上。

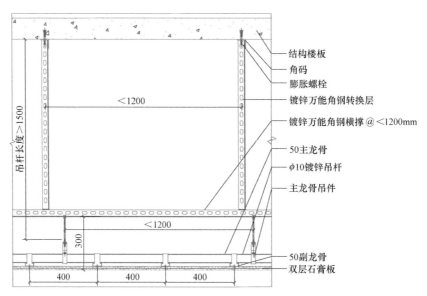

图 4.5.3-12　转换层制作示意图

图 4.5.3-13　吊点间距过大制作角钢转换层示例图　　图 4.5.3-14　吊点间距过大制作角钢转换层示例图

5）当吊顶内存在上人型检修马道、灯光、音响及其他大型设备，一道转换层无法满足功能要求时，可以制作两道或者多道转换层来转换吊顶吊杆的固定点，满足吊顶各种造型施工的要求（多层转换层施工复杂、质量要求高，其选择相应型材必须经过受力计算、结构受力分析后方可施工）。

（3）边龙骨或配套的天花角线，应按设计要求弹线，安装固定在房间四周围护墙柱面上。边龙骨安装根据不同墙柱面类型可分为一下几类：

1）混凝土结构墙柱体，应在结构墙体上打眼钉入木楔（防腐防火处理到位），间距一般为 500mm，端头宜为 50mm，L 形或 U 形边龙骨采用自攻钉与木楔进行固定；

图 4.5.3-15　明装边龙骨采用木楔及
自攻钉固定示例图

图 4.5.3-16　明装边龙骨采用木楔及
自攻钉固定示例图

2）空心连锁砌块或加气混凝土砌块墙体（墙面抹灰结束），L 形或 U 形边龙骨宜采用气钉枪直接固定在墙体上，间距宜为 300mm，端头宜为 50mm；

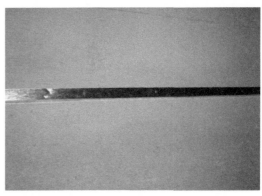

图 4.5.3-17　暗装边龙骨空心砌块墙体采用射钉固定示例图

3）轻钢龙骨隔墙，L 形或 U 形边龙骨宜直接用自攻钉与龙骨进行固定，间距同隔墙竖龙骨间距，如隔墙竖龙骨＞400mm，宜采用强度更高的 U 形边龙骨。

4）天花角线（石膏角线及木角线）通常采用粘钉结合方式进行固定。木角线安装纹路应顺畅。

（4）主龙骨分为不上人龙骨和上人龙骨，龙骨的排列应与通风口、灯具、消防烟感、喷淋、检修口、紧急广播喇叭位置不发生矛盾，不应切断主龙骨。当必须切断主龙骨时，一定要有加强和补救措施。主龙骨安装后应及时校正其位置标高。

图 4.5.3-18　石膏角线安装示例图 1

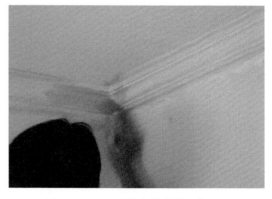

图 4.5.3-19　石膏角线安装示例图 2

【备注：当必须切断主龙骨时，加强和补救措施一般采用增加主龙骨或增加吊杆进行加固。】

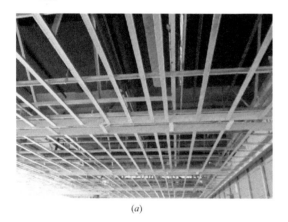

(a)

(b)

图 4.5.3-20　主龙骨综合定位避让开检修口、喷淋、通风风口等示例图

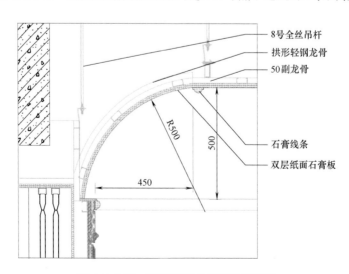

图 4.5.3-21　弧形吊顶龙骨制作示意图

复杂的曲弧造型吊顶，弧形龙骨宜采用工厂预制，其余部分按常规布置次龙骨。拱形吊顶，宜选用角钢等型材预制加工成弧形主龙骨，如采用木龙骨及木方进行预制加工弧形主龙骨时，应做好防腐防火处理，将次龙骨径向布置，确保风口、灯具、喷淋、烟感等不与主龙骨重叠。

图 4.5.3-22　造型顶弧形木龙骨预制示例图 1

图 4.5.3-23　造型顶弧形木龙骨预制示例图 2

图 4.5.3-24　造型顶基层龙骨制作示例图 1

图 4.5.3-25　造型顶基层龙骨制作示例图 2

图 4.5.3-26　造型顶基层龙骨制作示例图 3

图 4.5.3-27　造型顶基层龙骨制作示例图 4

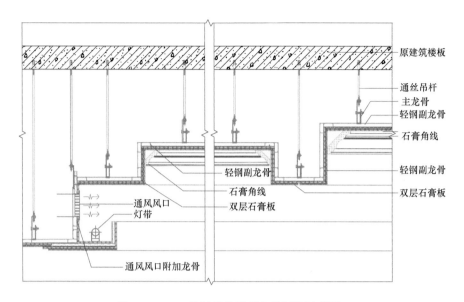

图 4.5.3-28　叠级天花吊顶龙骨制作示意图

原建筑楼板

通丝吊杆
主龙骨
轻钢副龙骨
石膏角线
轻钢副龙骨
双层石膏板

轻钢副龙骨
石膏角线
双层石膏板

通风风口
灯带

通风风口附加龙骨

图 4.5.3-29　叠级天花吊顶龙骨制作示例图 1

图 4.5.3-30　叠级天花吊顶龙骨制作示例图 2

　　主龙骨吊点间距、起拱高度应符合设计要求；当面积≤50m²时一般按房间短向跨度的1‰～3‰起拱，当面积＞50m²时一般按房间短向跨度的3‰～5‰起拱。主龙骨的接头应用专用接长件连接，相邻龙骨的对接接头要相互错开。

图 4.5.3-31　主龙骨连接件、错开布置示例图

图 4.5.3-32　主龙骨采用连接件铆固示例图

跨度大于 12m 以上的吊顶，应在主龙骨上每隔 12m 加一道大龙骨，并垂直主龙骨连接牢固。吊顶如设检修走道，应设独立吊挂系统，检修走道应根据设计要求选用材料。如设永久性检修马道时，马道应单独直接吊挂在建筑承重结构上，宽度不宜小于 500mm，上空高度应满足维修人员通过的要求；两边应设防护栏杆，栏杆高度不应小于 900mm，栏杆上不得悬挂任何设施或器具；马道上应设置照明，并设置人员进出的检修口。

图 4.5.3-33　吊顶马道独立设置示例图 1

图 4.5.3-34　吊顶马道独立设置示例图 2

（5）次龙骨分为 U 形和 T 形两种，U 形龙骨一般用在钉固定面板，T 形龙骨一般用在暗插面板；次龙骨应紧贴主龙骨采用专用连接件进行安装固定；次龙骨间距 300～600mm，固定板材的次龙骨间距一般不得大于 600mm，在潮湿地区和场所或采用双层石膏板，间距宜为 300～400mm；用沉头自攻钉安装饰面板时，接缝处次龙骨宽度不得小于 40mm；横撑龙骨应用连接件将其两端连接在通长次龙骨上，固定牢固，其间距应根据设计要求或根据 12J502-2 图集做法进行施工；通风、水电等洞口周围应根据设计要求设附加龙骨，附加龙骨的连接用拉铆钉锚固；灯具、风口及检修口等应设附加吊杆和补强龙骨。

图 4.5.3-35　轻钢副龙骨连接件及安装示例图

图 4.5.3-36　轻钢副龙骨固定间距示例图（400mm）

5.3.3　罩面板安装

（1）纸面石膏板（纤维水泥压力板做法相同）、石膏板（矿棉板、硅酸钙板做法相同）等安装：

1）饰面板应在自由状态下固定，防止出现弯棱、凸鼓的现象；还应在房间具备封闭的条件下安装固定，防止板面受潮变形。纸面石膏板、纤维水泥压力板的长边（既包封

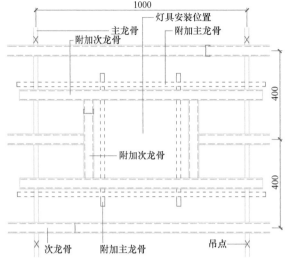

图 4.5.3-37 灯具、风口等安装附加龙骨示意图

边）应垂直于次龙骨铺设。

【备注：1. 饰面板封闭前，应根据综合排版图对吊顶内的设备（包括灯具、风口、喷淋口、烟感、外挂摄像头、红外感应器、闭路电视摄像等）进行强制定位，确保吊顶综合排版整体效果达到既定要求，避免返工。2. 叠级式吊顶底位的转角部位面层石膏板须整张铺设（切割成 L 形），不得在转角部位接缝（应于离转角直缝 300mm 处拼接）。饰面板封闭前，宜在转角处增加"7"字形 1.5mm 厚镀锌铁皮或 9mm 厚多层板（多用在双层板吊顶）进行加固。】

图 4.5.3-38　通风风口处附加龙骨示例图

图 4.5.3-39　不上人检查口附加龙骨示例图

图 4.5.3-40　吊顶喷淋点位强制定位示例图 1

图 4.5.3-41　吊顶喷淋点位强制定位示例图 2

2）单层板螺钉宜选用 25mm×3.5mm，双层板的第二次板螺钉宜选用 35mm×3.5mm，螺钉头宜略埋入板面，并不得使纸面破损，钉眼应做防锈处理并用腻子抹平。纸面石膏板螺钉与板边距离：纸包边宜为 10～15mm，切割边宜为 15～20mm。水泥加压板螺钉与板边距

离宜为 8～15mm。板周边钉距宜为 150～170mm，板中钉距不得大于 200mm。

图 4.5.3-42　吊顶喷淋点位强制定位示例图

图 4.5.3-43　吊顶喷淋、灯具点位强制定位示例图

图 4.5.3-44　叠级式吊顶转角增加镀锌
铁皮加固示例图

图 4.5.3-45　叠级式吊顶转角加固示例图

图 4.5.3-46　叠级式吊顶转角增加
多层板加固示例图 1

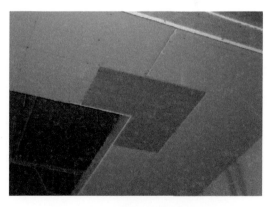

图 4.5.3-47　叠级式吊顶转角增加
多层板加固示例图 2

【备注：现场施工通常情况下，单层板及双层板安装时，相邻饰面板安装时应预留5～8mm 的自然缝，以便后期嵌缝石膏进行嵌缝处理；如采用密拼形式进行固定，后期嵌缝处理时应采用壁纸刀将相邻石膏板进行割缝（缝宽5～8mm）处理。】

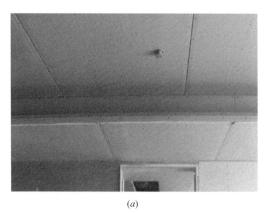

(a) (b)

图 4.5.3-48　吊顶首层板交错安装、板与板预留缝隙及自攻螺钉固定位置、间距示例图

图 4.5.3-49　吊顶首层板交错安装、板与板预留缝隙及自攻螺钉固定位置、间距示例图

3）安装双层石膏板时，上下层板的接缝应错开，不得在同一根龙骨上接缝。

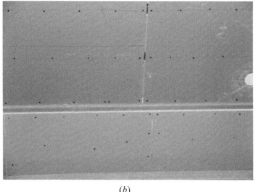

(a) (b)

图 4.5.3-50　吊顶第二层板与首层板接缝错位安装示例图

4）当吊顶纸面石膏板面积大于 100m² 时，纵、横方向每 12～18m 距离处宜做伸缩缝处理；遇建筑结构伸缩缝、变形缝时，吊顶宜根据建筑变形量设计变形缝尺寸及构造。

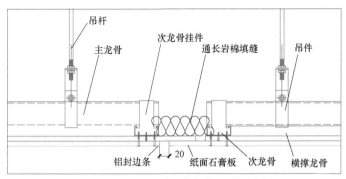

图 4.5.3-51 双层石膏板伸缩缝示意图

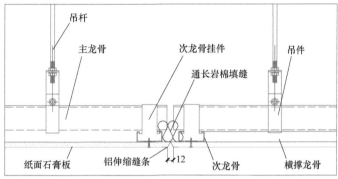

图 4.5.3-52 单层石膏板伸缩缝示意图

图 4.5.3-53 单层石膏板伸缩缝扣条示例图 1

图 4.5.3-54 单层石膏板伸缩缝扣条示例图 2

5）纸面石膏板固定用自攻钉应做防锈处理并用腻子抹平，纸面石膏板端头接缝处应开坡口、刮嵌缝腻子、加贴嵌缝绷带并刮平。

【备注：叠级吊顶阴阳角处现多采用 L 形镀锌金属护角进行收边，以达到顺直、美观的效果；双层纸面石膏板吊顶面层及吊顶与墙面交接处，常设计为留槽造型，一般施工采用以下两种做法：①纸面石膏板固定时自然留槽；②采用铝合金 U 形槽（L 形烤漆收边条）进行留槽。】

6）石膏板、矿棉板安装采用钉固法时，螺钉与板边距离不得小于 15mm，螺钉间距宜为 150～170mm，均匀布置，并应与板面垂直，钉帽应进行防锈处理，并应用与板面颜色相同涂料涂饰或用石膏腻子抹平。当纸面石膏板面层平贴石膏板、矿棉板时，在纸面石膏板上按选用的矿棉板的规格尺寸放线，矿棉吸声板背面及企口涂专用胶（均匀、饱满）

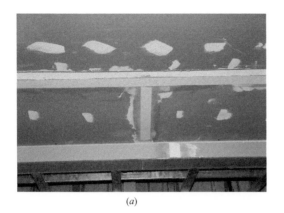
(a)

(b)

图 4.5.3-55　吊顶自攻螺钉防锈处理、抹平、嵌缝并贴绷带示例图

图 4.5.3-56　吊顶 L 形金属护角处理示例图

图 4.5.3-57　吊顶面层 L 形收报条留槽处理示例图

图 4.5.3-58　石膏板钉固及防锈处理示例图

图 4.5.3-59　石膏板钉固及防锈处理示例图

然后按画线位置贴实（气枪钉实）、贴平，板缝应顺直、平整。

7）纸面石膏板等吊顶板面应平整、洁净、无污染、无裂缝、无修痕，曲面应顺畅、无死弯，跌级造型表面及棱角应平直方正，板侧应垂直通顺；压条应顺直、宽窄一致、无翘曲，接缝严密、分割合理，阴阳角方正；装饰线流畅美观，割角交接严密、无错台。

（2）木质多层板安装

1）龙骨间距、螺丝与板边的距离及螺丝间距等应满足设计要求和有关产品的要求。

2）木质多层板与龙骨固定后，钉帽应做防锈处理，并用油性腻子嵌平。

图 4.5.3-60　石膏板造型顶示例图 1

图 4.5.3-61　石膏板造型顶示例图 2

图 4.5.3-62　石膏板造型顶示例图 3

图 4.5.3-63　石膏板造型顶示例图 4

图 4.5.3-64　石膏板造型顶示例图 5

图 4.5.3-65　石膏板造型顶示例图 6

图 4.5.3-66　石膏板造型顶示例图 7

图 4.5.3-67　石膏板造型顶示例图 8

3）用密封膏或原子灰腻子嵌涂板缝并刮平，硬化后用砂纸磨光，板缝宽度应小于5mm；不同材料相接缝处，宜采用明缝处理。

4）面层油漆制作。

图 4.5.3-68　石膏板吊顶示例图 9

图 4.5.3-69　石膏板吊顶示例图 10

图 4.5.3-70　木质多层板钉固并做防锈处理示例图 1

图 4.5.3-71　木质多层板钉固并做防锈处理示例图 2

图 4.5.3-72　木饰面吊顶示例图 1

图 4.5.3-73　木饰面吊顶示例图 2

5.4　明龙骨吊顶

5.4.1　操作工艺

弹吊顶水平线、画龙骨分档线→固定吊杆挂件→安装边龙骨→安装主龙骨→安装次龙骨→安装罩面板。

图 4.5.3-74　木饰面吊顶示例图 3

图 4.5.3-75　木饰面吊顶示例图 4

5.4.2　基层施工

（1）按照吊顶平面图，在顶板上弹出主龙骨及吊杆位置，如遇到顶板过高无法弹制时，也可将线弹放在楼板上；主龙骨宜平行房间长向布置，同时应考虑格栅灯的方向，一般从吊顶中心向两边分；主龙骨与吊杆间距为 900～1200mm，一般取 1000mm；如遇到梁和管道固定点大于设计和规程要求，应增加吊杆的规定点（同暗龙骨吊顶）。

（2）宜采用膨胀螺栓固定吊挂杆件；由于明龙骨吊顶多为可托起板块吊顶，不需上人即可检修，通常选用 M8 通丝吊杆。当吊杆长度大于 1.5m 时，应设置反支撑（反支撑制作同暗龙骨吊顶）。

（3）边龙骨应安装在房间内已施工完毕的饰面上，下边缘与吊顶标高线平齐，并按墙面材料的不同选用打孔安装木榫或尼龙胀栓固定，固定间距宜为 500mm，端头宜为 50mm。

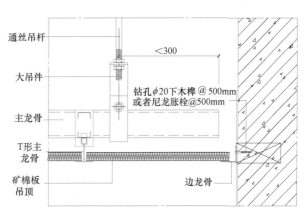

图 4.5.4-1　边龙骨安装固定示意图

图 4.5.4-2　矿棉吸音板边龙骨 1

图 4.5.4-3　矿棉吸音板边龙骨 2

（4）主龙骨（也称大龙骨）具体同暗龙骨吊顶，由于明龙骨吊顶多为可托起板块吊顶，不需上人即可检修，通常选用 38 主龙骨。建筑室内吊顶设计宜绘制龙骨布置图，龙骨的排列应与通风口、灯具、消防烟感、喷淋、检修口、紧急广播喇叭位置不发生矛盾，不应切断主龙骨。当必须切断主龙骨时，一定要有加强和补救措施。主龙骨吊点间距、起拱高度应符合设计要求；当面积≤50㎡时一般按房间短向跨度的 1‰～3‰起拱，当面积＞50㎡时一般按房间短向跨度的 3‰～5‰起拱。主龙骨的悬臂段不应大于 300mm，否则应增加吊杆；主龙骨的接头应用专用接长件连接，相邻龙骨的对接接头要相互错开。主龙骨安装后应及时校正其位置标高。

明龙骨吊顶内一般不需要设置永久性检修马道，如特殊需要，马道设置同暗龙骨吊顶。

【备注：当必须切断主龙骨时，加强和补救措施一般采用增加主龙骨或增加吊杆进行加固。】

（5）通长龙骨分为 T 形烤漆龙骨、T 形铝合金龙骨。通长龙骨应紧贴主龙骨安装，横撑龙骨与通长龙骨搭接处的间隙不得大于 1mm；次龙骨间距 300～600mm，根据罩面板的尺寸进行固定；通长龙骨连接件应错位安装。

宽带	窄带	宽带凹槽	窄带凹槽	宽槽	凸型Ⅰ	凸型Ⅱ	凸型Ⅲ
32 / 24	32 / 14	30 / 24	30 / 14	38 / 16.5	38 / 15	38 / 15	38 / 15

图 4.5.4-4　通长龙骨及横撑龙骨形式汇总

图 4.5.4-5　T 形通长龙骨及横撑龙骨实例 1

图 4.5.4-6　T 形龙骨实例 1

5.4.3　明龙骨罩面板安装

（1）矿棉板、硅钙板、塑料板、装饰石膏板、玻璃纤维板等安装：

将面板直接搁于龙骨上，应注意饰面板安装稳固严密，饰面材料与龙骨的搭接宽度应大于龙骨受力面宽度的 2/3；另外，安装时应注意板背面的箭头方向和白线方向一致，以保证花样、图案的整体性。

【备注：大于 3kg 的重型灯具、电扇及其他重型设备严禁安装在吊顶工程的龙骨上，

应另设吊挂件与结构连接。】

图 4.5.4-7　T 形通长龙骨及横撑龙骨实例 2

图 4.5.4-8　T 形龙骨实例 2

图 4.5.4-9　T 形通长龙骨及横撑龙骨实例 3

图 4.5.4-10　T 形龙骨实例 3

图 4.5.4-11　明龙骨玻纤版吊顶示例图 1

图 4.5.4-12　明龙骨玻纤版吊顶示例图 2

（2）玻璃板安装

1）金属龙骨安装：基层吊杆、龙骨制作同暗龙骨吊顶。玻璃板安装基层采用金属明龙骨时可省去格栅步骤；

2）木格栅安装：木格栅安装一般预先根据设计图纸下料，刨光打半榫加胶组装，然后再将做好的木格栅用圆钉和胶与木龙骨钉接安装（木格栅与金属龙骨连接，可在木格栅上打眼并加大格栅下表面面积，直到螺帽埋入木格栅下表面即可，螺帽洞口进行单独处理）。

图 4.5.4-13 明龙骨矿棉板吊顶示例图 1　　　　　图 4.5.4-14 明龙骨矿棉板吊顶示例图 2

3）玻璃板一般分为彩绘玻璃和磨砂玻璃等，安装时将玻璃直接摆放在格栅上即可，也可用吊杆直接与打孔玻璃连接，玻璃下面用不锈钢螺帽锁紧。

【备注：玻璃吊顶作为透光屋面时，安装固定方式应按照设计图纸进行安装固定。】

图 4.5.4-15 玻璃吊顶示例图 1　　　　　图 4.5.4-16 玻璃吊顶示例图 2

图 4.5.4-17 玻璃吊顶示例图 3　　　　　图 4.5.4-18 玻璃吊顶示例图 4

5.5 金属板（网）吊顶（包含明龙骨及暗龙骨）

金属板（网）吊顶采用铝及铝合金基材、钢板基材、不锈钢基材、铜基材等金属材料经机械加工成型，而后在其表面进行保护性和装饰性处理的吊顶装饰工程系列产品。包括

图 4.5.4-19 玻璃吊顶示例图 5

图 4.5.4-20 玻璃吊顶示例图 6

条形金属扣板以及设计要求的各种特定异形的条形金属扣板、方形金属扣板、铝单板、铝塑板、不锈钢板、金属格栅等。

5.5.1 操作工艺

弹顶栅标高水平线、画龙骨分档线→固定吊挂杆件→安装龙骨→调校水平→固定修边→安装面板→清洁保养。

5.5.2 基层施工

(1) 按照吊顶平面图，在顶板上弹出主龙骨及吊杆位置，如遇到顶板过高无法弹制时，也可将线弹放在楼板上；主龙骨宜平行房间长向布置，一般从吊顶中心向两边分，间距为 900～1200mm，一般取 1000mm；如遇到梁和管道固定点大于设计和规程要求，应增加吊杆的规定点（同暗龙骨吊顶）。

(2) 宜采用膨胀螺栓固定吊挂杆件；不上人吊顶，通常采用 M8 通丝吊杆；上人吊顶，通常采用 M10 通丝吊杆。当吊杆长度大于 1.5m 时，应设置反支撑（反支撑设置同暗龙骨吊顶）。

(3) 边龙骨或配套的天花角线，应按设计要求弹线，安装固定在房间四周围护墙柱面上。

【备注：一般情况下，金属板（网）吊顶与墙面或其他材质交接部位多采用硬拼打胶、留缝及金属板（网）材质做造型进行收口，因此边龙骨及配套顶棚角线较少出现在金属板（网）吊顶内，具体施工应以设计图纸为依据进行操作。】

图 4.5.5-1 采用铝板进行收口示例图 1

图 4.5.5-2 采用铝板进行收口示例图 2

（4）龙骨与龙骨间距不应大于 1200mm，单层龙骨吊顶，龙骨至板端不应大于 150mm，双层龙骨吊顶，边部上层龙骨与平行的墙面间距不应大于 300mm。

当吊顶为上人吊顶，上层龙骨为 U 形龙骨、下层龙骨为卡齿龙骨或挂钩龙骨时，上人龙骨通过轻钢龙骨吊件（反向）、吊杆（或增加垂直扣件）与上层龙骨相连；当吊顶上下层龙骨均为 A 形卡式龙骨时，上下层龙骨间用十字连接扣件连接。

主龙骨安装及起拱的要求同暗龙骨吊顶。

【备注：金属板（网）吊顶单层龙骨吊顶多采用卡齿型龙骨，卡齿型龙骨与通丝吊杆直接固定调平，部分异形金属板吊顶直接采用通丝吊杆与饰面板上的角码固定连接。】

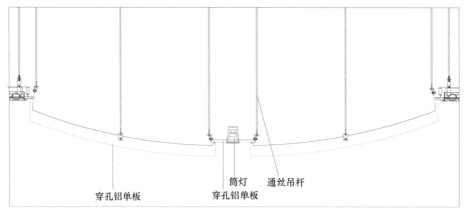

筒灯　通丝吊杆
穿孔铝单板　穿孔铝单板

图 4.5.5-3　异形铝单板采用吊杆直接固定示意图

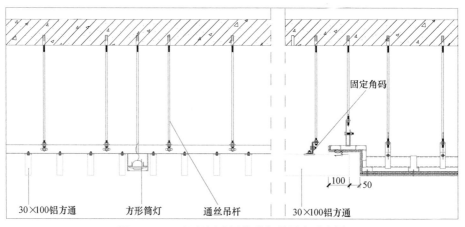

固定角码
100　50
30×100铝方通　方形筒灯　通丝吊杆　30×100铝方通

图 4.5.5-4　铝条板采用特殊角码固定示意图

（5）金属吊顶次龙骨多选用厂家加工定制的齿形龙骨等与主龙骨直接连接，龙骨间距根据设计要求进行施工。在通风、水电等洞口周围应根据设计要求设附加龙骨，附加龙骨的连接用拉铆钉锚固，大型灯具、风口及检修口等应设附加吊杆和补强龙骨（附加龙骨设置同暗龙骨吊顶）。

5.5.3　罩面板安装

（1）铝单板或不锈钢板安装

将板材按照设计要求在厂家加工制作成需要的形状、折边，并加上固定角码（角码固定间距及角码固定材质－幕墙规范，采用结构铆钉），再将板材用拉铆钉固定在龙骨上，可以根据设计要求留出适当的胶缝，在胶缝中填充泡沫塑料棒，然后打密封胶。

采用密拼方式安装时，也可采用Z形（勾搭式）龙骨进行板材安装。

（2）金属（条、方）扣板安装：

条板式吊顶龙骨一般可直接吊挂，也可以增加主龙骨，条板式吊顶副龙骨形式应与条板配套。

方板吊顶次龙骨分明装T形和暗装卡口两种，可根据金属方板式样选定。

金属板吊顶与四周墙面所留空隙，用金属压条与吊顶找齐，金属压条材质宜与金属板面相同。

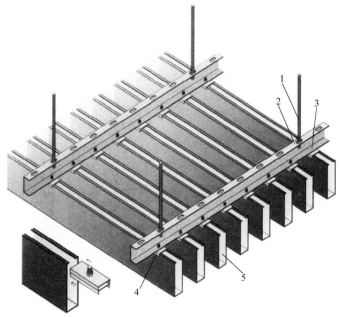

图 4.5.5-5 铝方通采用单层龙骨安装示意图

1—丝杆；2—50C 槽龙骨；3—螺母、平垫及螺栓（M6）；4—UT 系列 U 形垫片；5—UT 系列挂片

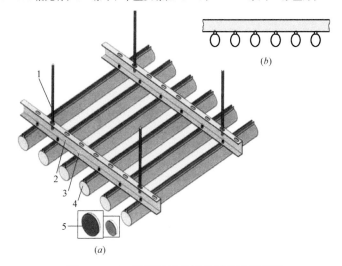

图 4.5.5-6 铝管采用单层龙骨安装示意图

1—丝杆；2—50C 槽龙骨；3—螺母、平垫及螺栓（M6）；4—U4 圆管系列；5—U4 圆管系列盖子

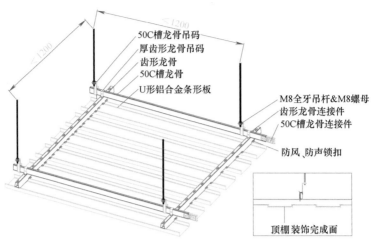

图 4.5.5-7 双层龙骨（卡齿型龙骨）安装铝扣板示意图

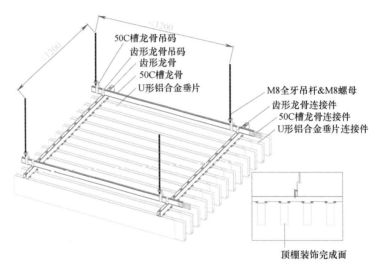

图 4.5.5-8 双层龙骨（卡齿型龙骨）安装铝方通示意图

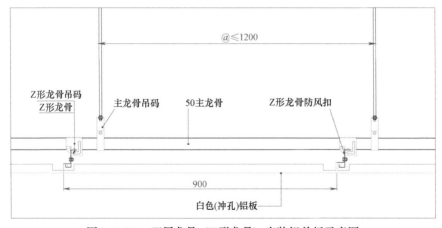

图 4.5.5-9 双层龙骨（Z形龙骨）安装铝单板示意图

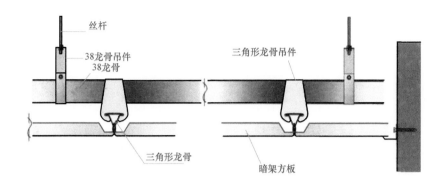

图 4.5.5-10 双层龙骨（三角形龙骨）安装铝扣板示意图

（3）花栅安装

将花栅吊顶的主副龙骨在下面按设计图纸的要求预拼装成形，用吊钩穿在主龙骨孔内吊起，全部安装、连接完毕后，整体调平。

5.6 柔性（软膜）吊顶

柔性（软膜）吊顶是新材料与技术的结晶。一般情况下，柔性吊顶多与其他材质吊顶相结合，突出表现柔性吊顶的透光性、易塑性、多彩性等特点，将柔性材料外罩在灯箱、灯带上，达到将灯光的折射度增强的效果。另外，经有关专业院校的相关检测，证明柔性顶棚对中、低频音有良好的吸声效果，冲孔面对高频音有良好的吸声效果，非常适合音乐厅、会议室、学校的应用。

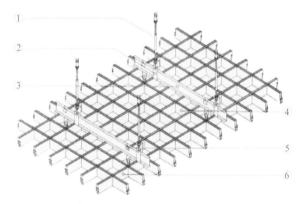

图 4.5.5-11 双层龙骨（卡齿型龙骨）安装铝格栅示意图

①—M8 吊杆；②—主龙骨吊件；③—主龙骨；④—格栅主骨；
⑤—格栅吊件；⑥—格栅副骨

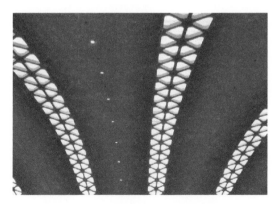

图 4.5.5-12 穿孔铝单板吊顶示例图 1

图 4.5.5-13 穿孔铝单板吊顶示例图 2

图 4.5.5-14　铝单板吊顶示例图 1

图 4.5.5-15　铝单板吊顶示例图 2

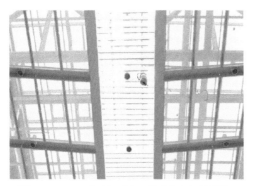

图 4.5.5-16　灯具、风口单独加固示例图 1

图 4.5.5-17　灯具、风口单独加固示例图 2

图 4.5.5-18　铝条板吊顶示例图 1

图 4.5.5-19　铝条板吊顶示例图 2

图 4.5.5-20　弧形铝方管吊顶示例图

图 4.5.5-21　铝方通吊顶示例图

114

图 4.5.5-22　铝格栅吊顶示例图 1

图 4.5.5-23　铝格栅吊顶示例图 2

图 4.5.5-24　铝格栅吊顶示例图 3

图 4.5.5-25　铝格栅吊顶示例图 4

5.6.1　一般规定

（1）柔性吊顶灯箱内光源排布间距与箱体深度以 1：1 为宜，即灯箱深度如为 300mm，光源排布间距也应为 300mm。建议箱体深度控制尺寸在 150～300mm 之间，以达到较好的光效。

（2）光源散热吊顶（灯箱体），内部应做局部开孔处理，开孔位置建议设置于灯箱体侧面以防尘，同时粘贴金属纱网防虫。

（3）设备末端不得直接安装于膜面，如需安装则应自行悬挂于结构顶板或梁上，不得与吊顶体系发生受力关系。

（4）当需要进行光源维护时，应采用专用工具拆卸膜体。

5.6.2　操作工艺

弹吊顶水平线、画龙骨分档线→固定吊杆挂件→安装边龙骨→安装主龙骨→安装次龙骨→安装罩面板。

5.6.3　基层施工：基层放线、吊杆安装及龙骨制作同明龙骨吊顶。

5.6.4　罩面施工

（1）柔性吊顶龙骨为铝合金挤压而成，是用来连接墙体及吊顶的构件，可以安装在各种墙体和吊顶上。常用的构件几种形式及固定方法见表 4.5.6。

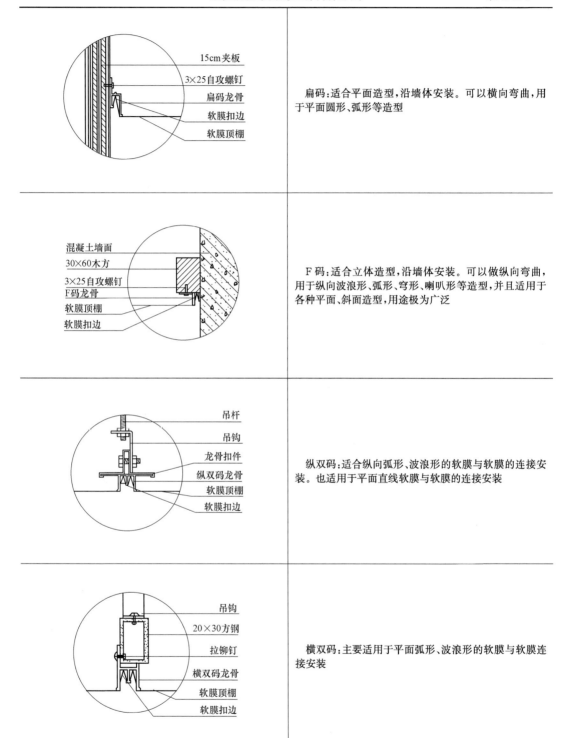

15cm夹板 3×25自攻螺钉 扁码龙骨 软膜扣边 软膜顶棚	扁码:适合平面造型,沿墙体安装。可以横向弯曲,用于平面圆形、弧形等造型
混凝土墙面 30×60木方 3×25自攻螺钉 F码龙骨 软膜顶棚 软膜扣边	F码:适合立体造型,沿墙体安装。可以做纵向弯曲,用于纵向波浪形、弧形、穹形、喇叭形等造型,并且适用于各种平面、斜面造型,用途极为广泛
吊杆 吊钩 龙骨扣件 纵双码龙骨 软膜顶棚 软膜扣边	纵双码:适合纵向弧形、波浪形的软膜与软膜的连接安装。也适用于平面直线软膜与软膜的连接安装
吊钩 20×30方钢 拉铆钉 横双码龙骨 软膜顶棚 软膜扣边	横双码:主要适用于平面弧形、波浪形的软膜与软膜连接安装

　　(2) 根据设计要求,按照实际测量出的吊顶形状及尺寸在工厂加工成形,安装现场龙骨造型等安装固定后即可。

116

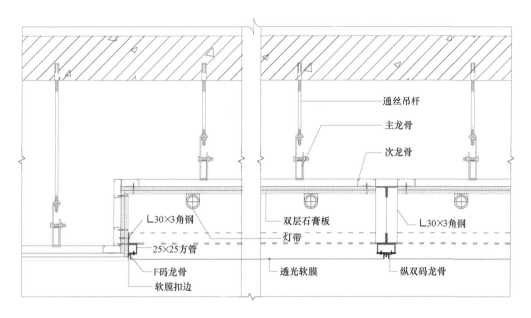

图 4.5.6-1 柔性（软膜）吊顶安装示意图

图 4.5.6-2 柔性顶棚吊顶示例图 1

图 4.5.6-3 柔性顶棚吊顶示例图 2

图 4.5.6-4 柔性顶棚吊顶示例图 3

图 4.5.6-5 柔性顶棚吊顶示例图 4

6 吊顶工程的质量查验标准

6.1 暗龙骨吊顶质量检查标准

6.1.1 主控项目

（1）吊顶标高、尺寸、起拱和造型应符合设计要求。

（2）饰面材料的材质、品种、规格、图案和颜色应符合设计要求。

（3）暗龙骨吊顶工程的吊杆、龙骨和饰面材料的安装必须牢固。

（4）吊杆、龙骨的材质、规格、安装间距及连接方式应符合设计要求。金属吊杆、龙骨应经过表面防腐处理；木吊杆、龙骨应进行防腐、防火处理。

（5）石膏板的接缝应按其施工工艺标准进行板缝防裂处理。安装双层石膏板时，面层板与基层板的接缝应错开，并不得在同一根龙骨上接缝。

（6）饰面材料表面应洁净、色泽一致，不得有翘曲、裂缝及缺损。压条应平直、宽窄一致。

6.1.2 一般项目

（1）饰面材料表面应洁净、色泽一致，不得有翘曲、裂缝及缺损。压条应平直、宽窄一致。

（2）饰面板上的灯具、烟感器、喷淋头、风口算子等设备的位置应合理、美观，与饰面板的交接应吻合、严密。

（3）金属吊杆、龙骨的接缝应均匀一致，角缝应吻合，表面应平整，无翘曲、锤印。木质吊杆、龙骨应顺直，无劈裂、变形。

（4）吊顶内填充吸声材料的品种和铺设厚度应符合设计要求，并应有防散落措施。

（5）暗龙骨吊顶工程安装的允许偏差和检验方法应符合表4.6.1的规定。

暗龙骨吊顶工程安装的允许偏差和检验方法　　　　　　　　　　**表4.6.1**

项次	项目	允许偏差（mm）				检验方法
		纸面石膏板	金属板	矿棉板	木板、塑料板、格栅	
1	表面平整度	3	2	2	2	用2m靠尺和塞尺检查
2	接缝直线度	3	1.5	3	3	拉5m线，不足5m拉通线，用钢直尺检查
3	接缝高低差	1	1	1.5	1	用钢直尺和塞尺检查

6.2 明龙骨吊顶质量检查标准

6.2.1 主控项目

（1）吊顶标高、尺寸、起拱和造型应符合设计要求。

（2）饰面材料的材质、品种、规格、图案和颜色应符合设计要求。当饰面材料为玻璃板时，应使用安全玻璃或采取可靠的安全措施。

（3）饰面材料的安装应稳固严密。饰面材料与龙骨的搭接宽度应大于龙骨受力面宽度的2/3。

（4）吊杆、龙骨的材质、规格、安装间距及连接方式应符合设计要求。金属吊杆、龙骨应进行表面防腐处理；木龙骨应进行防腐、防火处理。

（5）明龙骨吊顶工程的吊杆和龙骨安装必须牢固。

6.2.2 一般项目

（1）饰面材料表面应洁净、色泽一致，不得有翘曲、裂缝及缺损。饰面板与明龙骨的搭接应平整、吻合，压条应平直、宽窄一致。

（2）饰面板上的灯具、烟感器、喷淋头、风口箅子等设备的位置应合理、美观，与饰面板的交接应吻合、严密。

（3）金属龙骨的接缝应平整、吻合、颜色一致，不得有划伤、擦伤等表面缺陷。木质龙骨应平整、顺直，无劈裂。

（4）吊顶内填充吸声材料的品种和铺设厚度应符合设计要求，并应有防散落措施。

（5）明龙骨吊顶工程安装的允许偏差和检验方法应符合表4.6.2的规定。

明龙骨吊顶工程安装的允许偏差和检验方法 表 4.6.2

项次	项目	允许偏差（mm）				检验方法
		石膏板	金属板	矿棉板	塑料板、玻璃板	
1	表面平整度	3	2	3	2	用2m靠尺和塞尺检查
2	接缝直线度	3	2	3	3	拉5m线，不足5m拉通线，用钢直尺检查
3	接缝高低差	1	1	2	1	用钢直尺和塞尺检查

6.3 吊顶工程检验批划分及隐蔽验收项目

6.3.1 检验批划分

同一品种的吊顶工程每50间（大面积房间和走廊按吊顶面积30m²为一间）应划分为一个检验批，不足50间也应划分为一个检验批。

6.3.2 吊顶工程隐蔽验收内容

吊顶工程隐蔽验收内容包括：检查吊顶龙骨及吊件材质、规格、间距、连接方式、固定方法、表面防火、防腐处理、外观情况、罩面板材接缝和边缝情况、填充和吸声材料的品种、规格、铺设、固定情况等。主要包括以下项目：

（1）吊顶内管道、设备的安装级水管试压。

（2）木龙骨防火、防腐处理。

（3）预埋件或拉结筋。

（4）吊杆安装。

（5）龙骨安装。

（6）填充材料的设置。

6.3.3 填写要点包括

吊顶工程隐检记录中要注明施工图纸编号，洽商记录编号，吊顶类型（明龙骨吊顶、暗龙骨吊顶），采用骨架类型（轻钢龙骨、铝合金龙骨、木龙骨等），吊顶材料的种类（石膏板、金属板、矿棉板、塑料板、玻璃板），材料的规格，吊杆、龙骨的材料、规格、安装间距及连接方式，金属吊杆、龙骨表面的防腐处理，木龙骨的防腐、防火处理等情况描述清楚，吊顶内的各种管道设备的检查及水管试压等情况也应描述清楚。

第5章　轻质隔墙和隔断工程

轻质隔墙工程应满足设计要求，保证使用功能，安全、耐久、防火节能、环保，尤其要注意以下几方面：

（1）严格遵照设计要求进行选材，有防火、隔声要求的墙体严格按规范要求进行施工；

（2）注意隔墙工程与各专业设备安装与预埋的协调；

（3）注意隔墙工程与其他工程交接部位的收口处理。

1　轻质隔墙施工主要相关规范标准

本条所列的是与轻质隔墙施工相关的主要国家和行业标准，也是项目部须配置且在施工中经常查看的规范、标准。地方标准由于各地要求不一致，未进行列举，但在各地施工时必须参考。

《建筑装饰装修工程质量验收规范》GB 50210

《住宅装饰装修工程施工规范》GB 50327

《建筑工程施工质量验收统一标准》GB 50300

《建筑轻质条板隔墙技术规程》JGJ/T 157

《建筑隔墙用轻质条板》JG/T 169

《轻钢龙骨内隔墙》03J111-1

《预制轻钢龙骨内隔墙》03J111-2

《内装修-轻钢龙骨内（隔）墙装修及隔断》03J502-1

《蒸压轻质加气混凝土板（NALC）构造详图》03SG715-1

《隔断 隔断墙（一）》07SJ504-1

《轻钢龙骨石膏板隔墙、吊顶》07CJ03-1

《轻质条板内隔墙》10J113

《住宅建筑构造》11J930

2　轻质隔墙工程原材料的现场管理

2.1　隔墙材料进场

2.1.1　隔墙材料（含面层材料及基层材料）的品种、规格和质量应符合设计要求和国家现行标准的规定。当设计无要求时应符合国家现行标准的规定。严禁使用国家明令淘汰的材料。

2.1.2　隔墙材料进场时应对品种、规格、外观和尺寸进行验收。材料包装应完好，应有产品合格证书、中文说明书及相关性能的检测报告；进口产品应按规定进行商品检验。

【备注："质量合格证明文件"是指：随同进场材料或产品一同提供的、有效的中文质量状况证明文件。通常包括型式检验报告、出厂检验报告、出厂合格证等。进口产品还应包括出入境商品检验合格证明。】

2.1.3　轻质隔墙工程采用的细木工板、保温及防火材料（岩棉板）、石膏板、防火涂料等材料或产品应符合国家现行有关室内环境污染控制和防火、节能、有害物质限量的规定（例如《室内装饰装修材料人造板及其制品中甲醛释放限量》GB 18580、《建筑内部装修设计防火规范》GB 50222 等）。

2.1.4　复合轻质墙板的板面与基层（骨架）粘接必须牢固。

2.1.5　进口木材、木产品、构配件，以及金属连接件等，应有产地国的产品质量合格证书和产品标识，并应符合合同技术条款的规定。

2.1.6　隔墙材料进场检查验收，要由项目部专业工程师负责组织质检员、专业工长、试验员、材料员以及监理共同参加的联合检查验收，检查内容包括：产品的材质、品种、规格、型号、数量、外观质量、产品出厂合格证及其他应随产品交付的技术资料是否符合要求（并根据检测报告机构预留电话及时查验技术资料真伪），有无破损、弯曲、变形等现象。

2.2　隔墙材料管理

2.2.1　隔墙材料应按照不同材料的要求分别进行放置，并按照材料的规格、型号、等级、颜色进行分类贮存，并挂标识牌，注明产地、规格、品种、数量、检验状态（合格、不合格、待检）、检验日期等。

2.2.2　对于需要先复试后使用的产品，由项目试验员严格按照相关规定进行取样，送试验室复验，材料复试合格后方可使用。专业工程师对材料的抽样复试工作要进行检查监督。

2.2.3　在进行材料的检验工作完成后，相关的内业工作（产品合格证、试验报告等质量证明文件）要及时收集、整理、归档位。

2.2.4　隔墙材料进场应建立材料收发料制度，建立材料收发料台账。材料的检验工作完成并合格后，由项目部专业工程师负责填写隔墙材料发料单，并由库管员负责将材料发放给各施工作业队。

2.2.5　隔墙材料在运输、搬运、安装、存放过程中，必须采取有效措施，防止受潮、变形、变质、损坏板材的表面和边角及污染环境。

2.2.6　条板、配套材料应分别放在相应的安装区域，按不同种类、规格堆放，条板下面应放置垫木，条板宜侧立堆放，高度不应超过两层。现场存放条件的条板不得被水冲淋和浸湿，不应被其他物料污染。条板露天堆放时，应做好防雨淋措施。

2.2.7　轻钢骨架及纸面石膏板入场、存放和使用过程中应妥善保管，保证不变形、不受潮、不污染、无损坏。（DBJ/T 01-26—2003 第 16.6.2 条）

2.2.8　木制隔墙进场后应储存在仓库或料棚中。并按制品的种类、规格水平堆放，

图 5.2.2 材料（空心条板）码放示例图

底层应搁置垫木，在仓库中垫木离地高度应不小于 200mm，在临时料棚中离地面高度应不小于 400mm，使其自然通风并加盖防雨、防晒措施。（DBJ/T 01-26—2003 第 18.6.2 条）

2.2.9 玻璃在安装和搬运过程中，避免碰撞，并且带有防护装置。在竖起玻璃时，应提示搬运工及其他人员站在玻璃倒向的下方。（DBJ/T 01-26—2003 第 19.7.3 条）

2.2.10 玻璃应整包装箱运到安装位置，然后开箱，以保证运输安全。（DBJ/T 01-26—2003 和第 19.7.8 条）

2.3 隔墙材料检验及要求

2.3.1 隔墙材料进场后需要进行复验的材料种类及项目应符合《建筑装饰装修工程质量验收规范》GB 50210—2001。同一厂家生产的同一品种、同一类型的进场材料应至少抽取一组样品进行复验，当合同另有约定时应按合同执行 GB 50210 第 3.2.5 条。

2.3.2 民用建筑轻质隔墙工程的隔声性能应符合现行国家标准《民用建筑隔声设计规范》GB 50118—2010 的规定。

2.3.3 隔墙材料检验、复验一览。

隔墙材料检验、复验一览表　　　　　　　　　　　　　表 5.2.3-1

序号	材料名称	进场复验项目	执行标准
1	细木工板	游离甲醛释放量	GB/T 5849—2006、GB 18580—2001、GB 50325—2010
	防火处理过的细木工板	燃烧性能	GB 50222—95(2001 年修订版)、GB 50016—2006、GB 50045—95
2	岩棉板	燃烧性能	GB/T 13350、GB/T 11835、GB/T 9686—2005
3	防火涂料	燃烧性能	GB 12441—2005
		游离甲醛释放量	GB 18582—2008、GB/T 3186—2006
4	建筑隔墙用轻质条板	抗弯破坏、荷载抗压强度、软化系数、隔声量	JG/T 169—2005
5	耐碱性玻纤网格布	力学性能(耐碱拉伸断裂强度)、抗腐蚀性能(断裂强度保留率)	JC 561.2—2006、GB 50404—2007
6	隔热型材	抗拉强度、抗剪强度	《铝合金建筑型材　第 6 部分:隔热型材》GB 5237.6—2012
7	门窗玻璃	遮阳系数、可见光透射比、中空玻璃露点	《建筑玻璃可见光透射比、太阳光直接透射比、太阳能总透射比、紫外线透射比及有关窗玻璃参数的测定》GB/T 2680—1994、《中空玻璃》GB/T 11944—2002

2.3.4 板材隔墙

（1）空心条板

1）水泥轻质多孔条板是采用低碱硫铝酸盐水泥或快硬铝酸盐水泥、膨胀珍珠岩、细骨料及耐碱玻纤涂塑网格布、低碳冷拔钢丝为主要原料制成的隔墙条板。GRC 轻质多孔隔墙条板按板的厚度分为 90 型、120 型，按板型分为普通板、门框板、窗框板、过梁板。物理力学性能符合《玻璃纤维增强水泥轻质多孔隔墙条板》GB/T 19631—2005。

玻璃纤维增强水泥轻质隔墙条板　　　　　　表 5.2.3-2

项　　目		一等品	合格品
含水率	采暖地区	≤10	
	非采暖地区	≤15	
气干面密度(kg/m²)	90 型	≤75	
	120 型	≤95	
抗折破坏荷载(N)	90 型	≥2200	≥2000
	120 型	≥3000	≥2800
干燥收缩值(mm/m)		≤0.6	
抗冲击性(30kg,0.5m 落差)		冲击 5 次,板面无裂缝	
吊挂力(N)		≥1000	
空气声计权隔声量(dB)	90 型	≥35	
	120 型	≥40	
抗折破坏荷载保留率(耐久性)(%)		≥80	≥70
放射性比活度	I_{Ra}	1.0	
	I_r	2	
耐火极限(h)		≥1	
燃烧性能		不燃	

2）轻集料混凝土空心条板：采用普通硅酸盐水泥、低碳冷拔钢丝或双层钢筋网片、膨胀珍珠岩、浮石、陶粒、炉渣等轻集料为主要原料制成的轻质条板。

灰渣混凝土板物理性能指标　　　　　　表 5.2.3-3

项　　目	指标		
	板厚 90mm	板厚 120mm	板厚 150mm
抗冲击性能	经 5 次抗冲击试验后,板面无裂纹		
面密度(kg/m²)	≤120	≤140	≤160
抗弯承载(板自重倍数)	≥1		
抗压强度(MPa)	≥5		
空气隔声量(dB)	≥40	≥45	≥50
含水率(%)	≤12		
干燥收缩值(mm/m)	≤0.6		
吊挂力	荷载 1000N,静置 24h,板面无宽度超过 0.5mm 缝隙		
耐火极限(h)	≥1.0		
软化系数	≥0.8		
抗冻性	不应出现可见裂纹或表面无变化		

【备注：依据《灰渣混凝土空心隔墙板》GB/T 23449—2009。】

灰渣混凝土板放射性核素限量 表 5.2.3-4

项　目	指　标
制品中镭-226、钍-232、钾-40 放射性核素含量	空心板（空心率大于 25%）
内照射指数（I_{Ra}）	$\leqslant 1.0$
外照射指数（I_r）	$\leqslant 1.3$

3）植物纤维强化空心条板：是以锯末、麦秸、稻草、玉米秸秆等植物秸秆中的一种，加入以轻烧镁粉、氯化镁、改性剂、稳定剂等为原料配制而成的胶粘剂，以中碱或无碱短玻纤为增强材料的称为中空型轻质条板。

植物纤维强化空心条板 表 5.2.3-5

厚度（mm）	长度（mm）	宽度（mm）	耐火极限（h）	重量（kg/m²）	隔声（dB）
100	2400～3000	600	$\geqslant 1$	$\leqslant 60$	$\geqslant 35$
200	2400～3000	600	$\geqslant 1$	$\leqslant 60$	$\geqslant 45$

4）泡沫水泥条板：使用硫铝酸盐水泥或轻烧镁粉为胶凝材料，参加粉煤灰、适量外加剂，以中碱涂塑或无碱玻纤网格布为增强材料，采用发泡工艺，机制成型的微孔轻质实心或空心隔墙条板。硅镁条板使用硫铝酸盐水泥或烧镁粉，掺加粉煤灰、适量外加剂，以PVA 维尼纶短切纤维为增强材料，采用发泡工艺，成组立模制成的空心隔墙条板。

泡沫水泥条板、硅镁条板 表 5.2.3-6

厚度（mm）	长度（mm）	宽度（mm）	耐火极限（h）	重量（kg/m²）	隔声（dB）
60	2400～2700	600	$\geqslant 1$	$\leqslant 60$	$\geqslant 35$
90	2400～3000	600	$\geqslant 1$	$\leqslant 60$	$\geqslant 40$
200	2400～3000	600	$\geqslant 1$	$\leqslant 60$	$\geqslant 45$

5）石膏条板是采用建筑石膏（掺加小于 1% 的普通硅酸盐水泥）、膨胀珍珠岩及中碱玻璃纤维涂塑网格布（或短切玻璃纤维）等为主要原材制成的轻质条板。

石膏空心条板施工辅助用材料及指标 表 5.2.3-7

辅助材料	指　标	用　途
1号石膏胶粘剂	抗剪强度（MPa）$\geqslant 1.5$ 粘结强度（MPa）$\geqslant 1.0$ 初凝时间（h）　0.5～1.0	用于板与板，板与主体结构的粘结
2号石膏胶粘剂	抗剪强度（MPa）$\geqslant 2.0$ 粘结强度（MPa）$\geqslant 2.0$ 初凝时间（h）　0.5～1.0	用于条板挂吊件、构配件粘结和预埋件补平、修复
石膏腻子	抗压强度（MPa）$\geqslant 2.5$ 抗折强度（MPa）$\geqslant 1.0$ 粘结强度（MPa）$\geqslant 0.2$ 终凝时间（h）　3.0	用于条板隔墙面修补和找平
玻纤布条	涂塑中碱玻纤网布条 网格（目/英寸）　8 布重（g/m²）　120 布条断裂强度 经纱（N）　$\geqslant 300$ 纬纱（N）　$\geqslant 150$	宽 50～60mm 的布条用于板缝处理，条宽 100～200mm 的布条用于条板隔墙转角

6）建筑轻质板胶粘剂：用于板与板、板与结构之间粘结。

轻质板胶粘剂质量要求   表 5.2.3-8

项　目		质　量　要　求
拉伸胶粘强度（MPa）	常温 14d	≥1.0
	耐水 14d	≥0.7
压剪胶粘强度（MPa）	常温 14d	≥1.5
	耐水 14d	≥1.0
抗压强度（MPa）	14d	≥5.0
抗折强度（MPa）	14d	≥2.0
收缩率（%）		≤0.3
可操作时间（h）		2

轻质板用配件胶粘剂质量要求   表 5.2.3-9

项　目		质　量　要　求
拉伸胶粘强度（MPa）	常温 14d	≥1.5
	耐水 14d	≥1.0
压剪胶粘强度（MPa）	常温 14d	≥2.0
	耐水 14d	≥1.5
可操作时间（h）		2

7）嵌缝材料：嵌缝剂用于隔墙板接缝嵌缝防裂。嵌缝带用于板缝间嵌缝的增强材料。

隔墙板用嵌缝剂质量要求   表 5.2.3-10

项　目		质　量　要　求
可操作时间（h）与终凝时间协调		≥2
5min 保水性		试饼周围无水泥渗出
28d 柔韧性（抗压/抗折）		≤3.0
凝结时间（min）	初凝	>45
	终凝	>300
拉伸胶粘强度（MPa）	常温 7d	≥0.7
	耐水 7d	≥0.5
压剪胶粘强度（MPa）	常温 7d	≥1.0
	耐水 7d	≥0.7
抗裂性		5mm 以下

隔墙板用嵌缝带质量要求   表 5.2.3-11

项目	宽度（mm）	单位面积重量（g/m²）	涂覆量（%）	厚度（mm）	抗拉强度（N/50mm）		延伸率（%）	
					纵向	横向	纵向	横向
玻纤Ⅰ型	100/50	160	≥8	—	>750	>750	≥2	≥2
玻纤Ⅱ型	100/50	160	≥8	—	>1000	>1000	≥2	≥2
聚酯Ⅰ	100/50	100	—	0.4	>280	>260	>20	>20
聚酯Ⅱ	100/50	120	—	0.5	>320	>300	>20	>20
聚酯Ⅲ	100/50	140	—	0.6	>350	>330	>20	>20

（2）蒸压加气混凝土条板

1）加气混凝土板是指采用以水泥、石灰、砂为原料制作的高性能蒸压轻质加气混凝土板，有轻质、高强、耐火、隔声、环保等特点。室内隔墙常用 150mm 厚以下的板。75mm 厚板用于不超过 2500mm 高的隔墙。

加气混凝土隔墙板规格　　　　　　表 5.2.3-12

品种	标准宽度 （mm）	厚度 （mm）	最大公称长度 L（mm）	实际长度 （mm）	常用可变荷载标准值 （N/m²）
隔墙板	600	75～250 每 25 一种规格	1800～6000 300 模数进位	$L-20$	700

加气混凝土板技术参数　　　　　　表 5.2.3-13

强度级别		A2.5	A3.5	A5.0	A7.5
干密度级别		B04	B05	B06	B07
干密度（kg/m³）		≤425	≤525	≤625	≤725
抗压强度（MPa）	平均值	≥2.5	≥3.5	≥5.0	≥7.5
	单组最小值	≥2.0	≥2.8	≥4.0	≥6.0
干燥收缩值 （mm/m）	标准法	≤0.5			
	快速法	≤0.8			
抗冻性	质量损失（%）	≤5.0			
	冻后强度（MPa）	≥2.0	≥2.8	≥4.0	≥6.0
导热系数（干态）[W/(m·K)]		≤0.12	≤0.14	≤0.16	≤0.18

2）水泥：P.O42.5 级普通硅酸盐水泥；砂：符合《建设用砂》GB/T 14684 要求的中砂。板材底与主体结构坐浆采用豆石混凝土，板与板间灌浆应采用 1:3 水泥砂浆。

3）钢卡：钢卡分为 L 形和 U 形，90mm 厚以下板采用 1.2mm 厚钢卡，90mm 以上 2mm 厚钢卡。

4）专用胶粘剂：用于板与板、板与结构之间的粘结。

专用胶粘剂性能指标（DA-HR）　　　　　　表 5.2.3-14

项目	指标	项目	指标
干密度（kg/m³）	≤1800	终凝时间（h）	≤10
稠度（mm）	≤90	抗压强度（MPa）	10
分层度（mm）	≤20	粘结强度（MPa）	≥0.4
初凝时间（h）	≥2	收缩性（mm/m）	≤0.5

【备注：摘自《墙身-加气混凝土》88J2-3A（2007）（砌块、条板隔墙）】

（3）轻质复合条板

轻质复合条板是以 3.2mm 厚木质纤维增强水泥板为面板，以强度等级 42.5 级普通硅酸盐水泥、中砂、粉煤灰、聚苯乙烯发泡颗粒及添加剂等材料组成芯料，采用成组立模振捣成型。

2.3.5　轻钢龙骨隔墙

（1）沿顶龙骨、沿地龙骨、加强龙骨、竖向龙骨、横撑龙骨等轻钢龙骨的配置应符合设计要求。龙骨外观应表面平整，棱角挺直，过渡角及切边不允许有裂口和毛刺，表面不得有严重的污染、腐蚀和机械损伤，面积不大于 1cm² 的黑斑每米长度内不多于 3 处，涂层应无气泡、划伤、刷涂、颜色不均等影响使用的缺陷。技术性能应符合《建筑用轻钢龙骨》GB/T 11981—2008 的要求。

复合隔墙板规格 表 5.2.3-15

厚度(mm)	长度(mm)	宽度(mm)
75	1830	610
100	2440	610
150	2745	610

复合隔墙板性能指标 表 5.2.3-16

项 目	指 标		
	板厚 75mm	板厚 100mm	板厚 150mm
抗冲击性能	经≥10 次抗冲击试验后，板面无裂纹		
面密度(kg/m²)	≤82	≤95	≤140
抗弯承载(板自重倍数)	≥1.5		
抗压强度(MPa)	≥3.5		
空气隔声量(dB)	≥40	≥45	≥50
含水率(%)	≤10		
干燥收缩值(mm/m)	≤0.6		
吊挂力	≥100N		
耐火极限(h)	≥1.0		
软化系数	≥0.8		
传热系数[W/(m²·K)]	—	—	≤2.0

（2）轻钢龙骨双面镀锌量≥100g/m²，双面镀锌厚度≥14μm。

（3）石膏板采用二水石膏为主要原料，掺入适量外加剂和纤维做成板芯，用特制的纸或玻璃纤维毡为面层，牢固粘贴而成。

纸面石膏板断裂荷载值 表 5.2.3-17

板材厚度(mm)	断裂荷载(N)			
	纵向		横向	
	平均值	最小值	平均值	最小值
9.5	400	360	160	140
12	520	460	200	180
15	650	580	250	220
18	770	700	300	270
21	900	810	350	320
25	1100	970	420	380

纸面石膏板面密度值   表 5. 2. 3-18

板材厚度(mm)	面密度(kg/m²)	板材厚度(mm)	面密度(kg/m²)
9.5	9.5	18	18
12	12	21	21
15	15	25	25

纸面石膏板的其他技术要求   表 5. 2. 3-19

项　目	要　求	参照标准
护面板与芯材粘结	不裸露	GB/T 9775—2008
吸水率	≤10.0%(仅适于耐水纸面石膏板)	
表面吸水量	≤160g/m²(仅适于耐水纸面石膏板)	
遇火稳定性	板材遇火稳定时间应不小于 20min (仅适于耐火纸面石膏板)	
燃烧性能	普通纸面石膏板、耐火纸面石膏板、耐水纸面石膏板为难燃性材料,但安装在轻钢龙骨上可视为 A 级不燃材料	GB 50222—95

(4) 紧固材料:拉铆钉、膨胀螺栓、镀锌自攻螺钉、木螺丝和粘贴嵌缝材料等,应符合设计要求。与主体钢结构相连采用的短周期外螺纹螺柱,材质为低碳钢,表面镀铜。螺柱拉力荷载要求不小于 15.3kN,螺柱焊接要求采用专用焊接设备。

(5) 接缝材料

1) 接缝腻子:抗压强度＞3.0MPa,抗折强度＞1.5MPa,终凝时间＞0.5h。

2) 50mm 中碱玻纤带和玻纤网格布:网格 8 目/in,布重 80g/m,断裂强度（25mm×100mm）布条,经纱≥300N,纬纱≥150N。

(6) 填充隔声材料:玻璃棉、岩棉等应符合设计要求选用。

岩棉技术指标   表 5. 2. 3-20

序号	项目	标准值	序号	项目	标准值
1	长度(mm)	−3～10	6	渣球含量(%)	≤4
2	宽度(mm)	±3	7	纤维平均直径(μm)	≤6.5
3	厚度(mm)	±2	8	热荷重收缩温度(℃)	≥6200
4	体积密度(kg/m³)	≤15	9	导热系数[W/(m·K)]	≤0.040
5	尺寸偏差(mm)	−3～0			

(7) 密封材料:橡胶密封条、密封胶、防火封堵材料。

2.3.6　活动隔墙

(1) 推拉直滑式、折叠式隔墙

1) 隔墙板(根据设计确定,一般有木隔扇、金属隔扇、棉、麻织品或橡胶、塑料等制品)、铰链、滑轮、轨道(或导向槽)、橡胶或毡制密封条、密封板或缓冲板、密封垫、螺钉等。所生产隔断使用的板材、胶粘剂应符合《民用建筑工程室内环境污染控制规范》GB 50325—2010 要求。

2) 活动隔墙导轨槽、滑轮及其他五金配件配套齐全。铝合金型材须符合 GB 5237—

2008、GB 5237.6—2012 要求。

3) 防腐材料、填缝材料、密封材料、防锈漆、水泥、砂、连接铁脚、连接板等应符合设计要求和有关标准的规定。

（2）集成式隔断

1) 框架材料：根据设计要求，选择能提供隔墙稳定支撑的轻钢型材，通常有 Z 形、H 形断面的钢制内支撑，热镀锌钢板厚 0.75～1.2mm，双面镀锌量符合《建筑用轻钢龙骨》GB/T 11981 要求。框架外饰扣条通常采用阳极氧化或氟碳漆喷涂、静电粉末涂饰等处理方式，应符合《铝合金建筑型材》GB/T 5237—2008、GB/T 5237.6—2012 的技术要求。

2) 墙体板块

① 钢化玻璃

钢化玻璃边长允许偏差（mm）   表 5.2.3-21

厚度(mm)	边长 L 允许偏差			
	L≤1000	1000<L≤2000	2000<L≤3000	L>3000
3、4、5、6	1～—2	±3	±4	±5
8、10、12	3～—3			
15	±4	±4		
19	±5	±5	±6	±7
>19	供需双方确定			

钢化玻璃厚度允许偏差（mm）   表 5.2.3-22

公称厚度(mm)	厚度允许偏差(mm)	公称厚度(mm)	厚度允许偏差(mm)
3、4、5、6	±0.2	15	±0.5
8、10	±0.3	19	±1.0
12	±0.4	>19	供需双方确定

钢化玻璃外观质量（mm）   表 5.2.3-23

缺陷名称	说　明	允许缺陷数
爆边	每片玻璃每米边上允许有长度不超过 10mm,自玻璃边部向玻璃板表面延伸深度不超过 2mm,自板面向玻璃厚度延伸深度不超过厚度 1/3 的爆边个数	1 处
划伤	宽度在 0.1mm 以下的轻微划伤,每平方米面积内允许存在条数	长度≤100mm 时,4 条
	宽度大于 0.1mm 的轻微划伤,每平方米面积内允许存在条数	宽度 0.1～1mm,长度≤100mm 时,5 条
夹钳印	夹钳印与玻璃边缘的距离≤20mm,边部变形量≤2mm	±4
裂纹、缺角	不允许存在	

② 防火玻璃，如选用防火玻璃，产品应符合《建筑用安全玻璃　第 1 部分：防火玻璃》GB 15763 的要求。

③ 紧固材料：膨胀螺栓、射钉、自攻螺钉、钻尾螺钉和粘贴嵌缝料，应符合设计要求。

④ 使用风险分类与使用区域类型关系及试验荷载。

使用区域类型和风险分类的关系及实验荷载　　　　表 5.2.3-24

风险分类		描述	区域标准 1 ENV1991-2-1:1995 中对区域的分类	高度	结构性破坏试验荷载	功能性破坏试验荷载
Ⅰ		有较高防护性措施的区域产生事故和使用不当的风险小	A、B	到达 1.5m 行人的高度	软体 100N·m 硬体(1kg)10N·m	软体 60N·m,3 次 硬体(0.5kg)2.5N·m
				超过 1.5m 行人的高度	—	—
Ⅱ		有一些防护性措施的区域有一些产生事故和错误使用的风险	A、B	到达 1.5m 行人的高度	软体 200N·m 硬体(1kg)10N·m	软体 120N·m,3 次 硬体(0.5kg)2.5N·m
				超过 1.5m 行人的高度	—	硬体(0.5kg)2.5N·m
Ⅲ		公众出入的区域较少防护措施的区域有产生事故和错误使用的风险	C1~C4、D、E	到达 1.5m 行人的高度	软体 300N·m 硬体(1kg)10N·m	软体 120N·m,3 次 硬体(0.5kg)6N·m
				超过 1.5m 行人的高度	硬体(1kg)10N·m	硬体(0.5kg)6N·m
Ⅳ	a	防护程度等同于Ⅱ、Ⅲ类,失败的风险包括墙体倒地	C5	到达 1.5m 行人的高度	软体 400N·m 硬体(1kg)10N·m	软体 120N·m,3 次 硬体(0.5kg)6N·m
				超过 1.5m 行人的高度	硬体(1kg)10N·m	硬体(0.5kg)6N·m
	b	防护程度等同于Ⅱ、Ⅲ类,失败的风险包括墙体倒地	C5	到达 1.5m 行人的高度	软体 500N·m 硬体(1kg)10N·m	软体 120N·m,3 次 硬体(0.5kg)6N·m
				超过 1.5m 行人的高度	硬体(1kg)10N·m	硬体(0.5kg)6N·m

【备注：1.5m 高度的区域是建筑物内人群撞击多发区域，但是对于某些建筑如：体育馆、工厂等，可能要考虑更高的高度。设计师、制造商、业主，有权要求采用 400N·m 还是 500N·m 进行撞击的结构性破坏测试，以满足使用要求。工程选用的固定隔断高度，不得高于试验样板的高度。】

2.3.7　玻璃隔墙

（1）玻璃砖隔墙

1）玻璃砖：用透明或颜色玻璃制成的块状、空心的玻璃制品或块状表面施釉的制品。

玻璃空心砖主要性能　　　　表 5.2.3-25

抗压强度(MPa)	导热系数[W/(m²·K)]	重量(kg/块)	隔声(dB)	透光率(%)
6.0	2.35	2.4	40	81
4.8	2.50	2.1	45	77
6.0	2.30	4.0	40	85
6.0	2.55	2.4	45	77
6.0	2.50	4.5	45	81
7.5	2.50	6.7	45	85

2）金属型材：轻金属型材或镀锌型材，其尺寸为空心玻璃砖厚度加滑动缝隙。型材深度最少应为 50mm，用于玻璃砖墙的边条重叠部分和胀缝。

①用于 80mm 厚的空心玻璃的金属型材框，最小截面应为 90mm×50mm×3.0mm；

② 用于 100mm 厚的空心玻璃的金属型材框，最小截面应为 108mm×50mm× 3.0mm。

3）水泥：宜采用 42.5 级或以上普通硅酸盐白水泥。

4）砂浆：砌筑砂浆与勾缝砂浆应符合下列规定：

① 配制砌筑砂浆用的河砂粒径不得大于 3mm；

② 配制勾缝砂浆用的河砂粒径不得大于 1mm；

③ 河砂不含泥及其他颜色的杂质；

④ 砌筑砂浆等级应为 M5，勾缝砂浆的水泥与河砂之比应为 1∶1。

（2）玻璃隔断

通常采用钢化玻璃、彩绘玻璃或压花玻璃等装饰玻璃作为隔断主材，利用金属或实木作框架。

有框架的普通退火玻璃和夹丝玻璃的最大许用尺寸　　　　表 5.2.3-26

玻璃种类	公称厚度(mm)	最大许用面积(m²)
普通退火玻璃	3	0.1
	4	0.3
	5	0.5
	6	0.9
	8	1.8
	10	2.7
	12	4.5
夹丝玻璃	6	0.9
	7	1.8
	10	2.4

3 轻质隔墙工程的操作要求

3.1 一般规定

3.1.1 当墙体或吊顶内的管线可能产生冰冻或结露时，应进行防冻或防结露设计。（GB 50210—2001 第 3.1.7 条）

3.1.2 装饰装修工程应在基体或基层的质量验收合格后施工。对既有建筑进行装饰装修前，应对基层进行处理并达到《建筑装饰装修工程质量验收规范》的要求。（GB 50210—2001 第 3.3.7 条）

3.1.3 管道、设备等的安装及调试应在建筑装饰工程施工前完成，当必须同步进行时，应在饰面层施工前完成。装饰装修工程不得影响管道、设备等的使用和维修。设计燃气管道的建筑装饰装修工程必须符合有关安全管理的规定。（GB 50210—2001 第 3.3.10 条）

3.1.4 严禁不经穿管直接埋设电线。（GB 50210—2001 第 3.3.11 条）

3.1.5 轻质隔墙与顶棚和其他墙体的交接处应采取防开裂措施（详见下文工艺做

法）。（GB 50210—2001 第 7.1.6 条）

3.1.6 民用建筑轻质隔墙工程的隔声性能应符合现行国家标准《民用建筑隔声设计规范》GB 50118 的规定。（GB 50210—2001 第 7.1.7 条）

3.1.7 骨架隔墙的竖向龙骨不能紧顶上下龙骨，应留伸缩量，超过 12m 长的墙体应做控制变形缝，避免墙面变形。隔墙周边应留 3mm 的空隙，这样可以减少因温度和湿度影响产生的变形和裂缝。对重要部位必须采用附加龙骨补强，龙骨之间连接必须到位、牢固。（DBJ/T 01-26—2003 第 16.7.1 条）

3.1.8 玻璃隔墙的框架应与结构连接牢固，四周与墙体接缝用弹性密封材料填充密实，保证不渗漏。（DBJ/T 01-26—2003 第 19.7.2 条）

3.1.9 玻璃隔墙的嵌缝橡胶密封条应具有一定弹性，不可使用再生橡胶制做的密封条。（DBJ/T 01-26—2003 第 19.7.7 条）

3.1.10 普通玻璃一般情况下可用清水清洗。如有油污情况，可用液体溶剂现将油污洗掉，然后再用清水擦洗。镀膜面可用水清洗，灰污染严重时，应先用液体中性洗涤剂酒精等将灰污洗落，然后再用清水洗清。此时不能用材质太硬的清洁工具或含有磨料微粒及酸性、碱性较强的洗涤剂，在清洗其他饰面时，不要将洗涤剂落到镀膜玻璃表面上。（DBJ/T 01-26—2003 第 19.7.10 条）

3.1.11 轻质条板隔墙的门、窗框板靠门、窗框一侧为平口，距板边 120～150mm 处应为实心。门、窗框板靠门、窗框一侧可加设预埋件与门、窗固定。（JGJ/T 157—2008 第 3.3.4 条）

3.1.12 轻质条板厚度在 60mm 及以下时，不得单独用作隔墙使用。（JGJ/T 157—2008 第 4.2.1 条）

3.1.13 轻质条板隔墙厚度应满足建筑物抗震、防火、隔声、保温等功能要求。单层条板隔墙用作分户墙时，其厚度不应小于 120mm，用作户内分室隔墙时，不宜小于 90mm。双层条板隔墙选用条板的厚度不宜小于 60mm。（JGJ/T 157—2008 第 4.2.2 条）

3.1.14 双层条板隔墙的两板间距宜为 10～50mm，可作为空气层或填入吸声、保温材料等功能材料。（JGJ/T 157—2008 第 4.2.3 条）

3.1.15 轻质条板接板安装的条板隔墙，其安装高度应符合下列要求：

（1）90mm 厚条板隔墙接板安装高度不应大于 3.6m；

（2）120mm 厚条板隔墙接板安装高度不应大于 4.2m；

（3）其他厚度的条板隔墙接板安装高度，可由设计单位与安装单位协商确定。（JGJ/T 157—2008 第 4.2.4 条）

3.1.16 在限高以内安装条板隔墙时，竖向接板不宜超过一次，相邻板接头位置应错开 300mm 以上，错缝范围可为 300～500mm。条板对接部位应加连接件、定位钢卡，做好定位、加固、防裂处理。（JGJ/T 157—2008 第 4.2.5 条）

3.1.17 条板隔墙安装长度超过 6m，应采取加强防裂措施。

3.1.18 安装条板隔墙时，条板应按隔墙长度方向竖向排列，排列应采用标准板。当隔墙端部尺寸不足一块标准板宽时，可按尺寸要求切割补板，补板宽度不应小于 200mm。

3.1.19 条板隔墙下端与楼地面结合处宜留出安装空间，预留空隙在 40mm 及以下的宜填入1：3水泥砂浆，40mm以上的宜填入干硬性细石混凝土，撤除木楔的预留空隙应采用相同等级的砂浆或细石混凝土填塞、捣实。

3.1.20　在抗震设防地区，条板隔墙与顶板、结构梁、主体墙和柱的连接应采用镀锌钢板卡件，并使用胀管螺钉、射钉固定。钢板卡件固定应符合下列要求：

（1）条板隔墙与顶板、结构梁的接缝处，钢卡间距不应大于600mm。

（2）条板隔墙与主体墙、柱的接缝处，钢卡可间断布置，间距不应大于1m。

（3）接板安装的条板隔墙，条板上端与顶板、结构梁的接缝处应加设钢卡，每块条板不应少于2个。

3.1.21　在抗震设防地区，条板隔墙安装长度超过6m时，应设置构造柱，并应采取加固、防裂处理措施。

3.1.22　严禁在轻质隔墙条板两侧同一部位开槽、开洞，其间距应错开150mm以上。开槽、开洞的时间应在隔墙安装7d后进行。

3.1.23　条板隔墙用于厨房、卫生间及有防潮、防水要求的环境时，应设计防潮、防水的构造措施，凡附设水池、水箱、洗手盆等设计的墙体，墙面应做防水处理，高度不宜低于1.8m。

3.1.24　确定条板隔墙上预留门、窗洞口位置及尺寸时，应选用与隔墙厚度相适应的门、窗框。采用空心条板作门、窗框板时，距板边120～150mm不得有空心孔洞，可将空心条板的第一孔用细石混凝土灌实。

3.1.25　条板隔墙安装工程应在找平层之前进行。

3.1.26　建筑装饰装修工程施工前应有主要材料的样板或做样板间（件），并应经有关各方确认。（GB 50210第3.3.8条）

【备注：精装修关键工序在施工前宜进行样板工序施工，并应经有关各方确认。】

3.1.27　接触砖、石、混凝土的龙骨和埋置的木楔应作防腐处理。

3.2　板材隔墙

3.2.1　石膏空心条板隔墙操作工艺及要点

（1）工艺流程

结构墙面、地面、顶面清理找平→放线→配板、修补→安装U形或L形卡件→配置胶粘剂→安装隔墙板→安装门窗框→设备、电气管线安装→板缝处理→板面装修。

（2）结构墙面、地面、顶面清理找平：清理隔墙板与顶面、地面、墙面的结合部位，凡凸出墙地面的浮浆、混凝土块等必须剔除并扫净，结合部位应找平。隔墙上下基层应平整、牢固。

（3）放墙体门窗洞口定位线、分档：在结构地面、墙面及顶面根据图纸，用墨斗弹好隔墙定位边线及门窗空口线，并按板幅宽弹分档线。墙体放线应清晰，位置应准确。

（4）配板、修补

1）条板隔墙一般采用垂直方向安装，按照设计要求，根据建筑物的层高、与所要连接的构配件和连接方式来决定板的长度，隔墙板厚度选用应按设计要求并考虑便于门窗安装，最小厚度不小于75mm。

2）板的长度应按楼面结构层净高尺寸减20～30mm。计算并量测门窗洞口上部及窗口下部的隔板尺寸，并按此尺寸配板。当板的宽度与隔墙的长度不相适应时，应将部分隔墙板预先拼接加宽（或锯窄）成合适的宽度，并放置在阴角处。有缺陷的板应修补。

（5）有抗震要求时，应按设计要用 U 形钢板卡固定条板的顶端。在两块条板顶端拼缝之间用射钉将 U 形钢板卡固定在梁或板上，随安板随固定 U 形钢板卡。

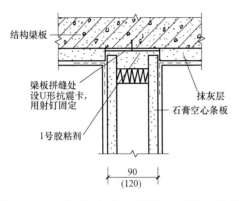

图 5.3.2-1　条板与结构梁板连接（有抗震要求）

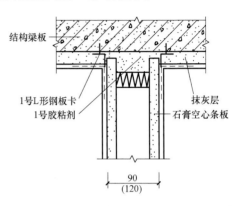

图 5.3.2-2　条板与结构梁板连接（有抗震要求）

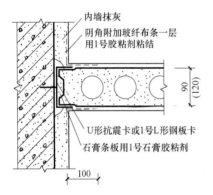

图 5.3.2-3　条板与主体墙连接（抗震要求）

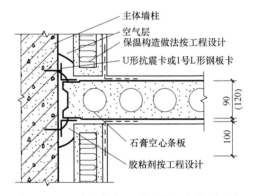

图 5.3.2-4　条板与保温墙连接（有抗震要求）

【备注：钢卡将位于板缝相邻两块板卡住，无吊顶房间宜选用 L 形钢板暗卡。】

（6）配制胶粘剂：胶粘剂的配制量以一次不超过 20min 使用时间为宜。配制的胶粘剂超过 30min 凝固了的，不得再加水加胶重新调制使用，以避免板缝因粘结不牢而出现裂缝。

（7）安装隔墙板：隔墙板安装顺序应从与墙的结合处或门洞边开始，依次顺序安装。板侧清刷浮灰，在墙面、顶面、板的顶面及侧面满刮 1 号胶粘剂，按弹线位置安装就位，用木楔顶在板底，再用手平推隔板，使之板缝冒浆，一个人用特制的撬棍在板底部向上顶，另一人打木楔，使隔墙板挤紧顶实，然后用开刀（腻子刀）将挤出的胶粘剂刮平。按以上操作办法依次安装隔墙板。在安装隔墙板时，一定要注意使条板对准预先在顶板和地板上弹好的定位线，并在安装过程中随时用 2m 靠尺及塞尺测量墙面的平整度，用 2m 托线板检查板的垂直度。隔墙板材安装必须牢固。板材隔墙安装拼接应符合设计和产品构造要求。

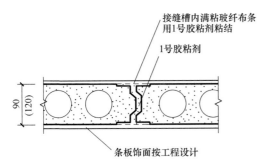

图 5.3.2-5　石膏条板的一字连接示意图

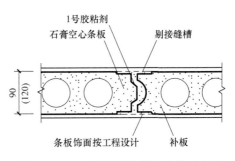

图 5.3.2-6　石膏条板与补板连接示意图

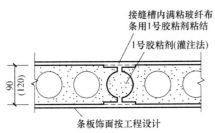

图 5.3.2-7　石膏条板的一字连接（灌浆法）示意图

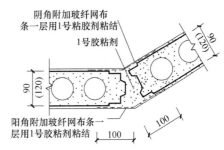

图 5.3.2-8　石膏条板任意角连接示意图

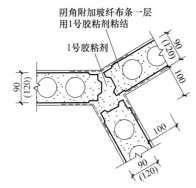

图 5.3.2-9　石膏条板的三叉连接示意图

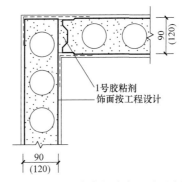

图 5.3.2-10　石膏条板直角连接示意图

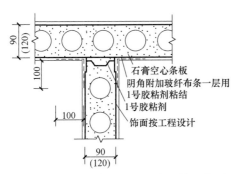

图 5.3.2-11　石膏条板的丁字连接示意图

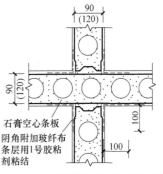

图 5.3.2-12　石膏条板十字连接示意图

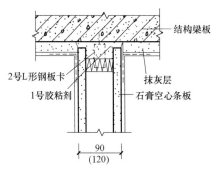

图 5.3.2-13　石膏条板的丁字连接示意图

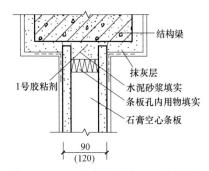

图 5.3.2-14　石膏条板十字连接示意图

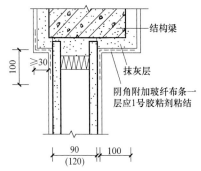

图 5.3.2-15　石膏条板与梁底连接示意图

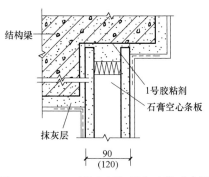

图 5.3.2-16　石膏条板与梁底连接示意图

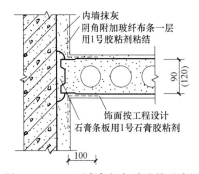

图 5.3.2-17　石膏条板与墙连接示意图

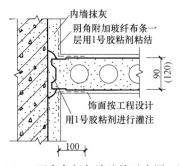

图 5.3.2-18　石膏条板与墙连接示意图（灌浆法）

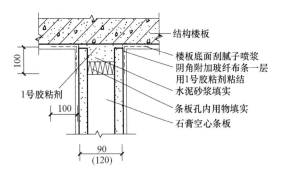

图 5.3.2-19　石膏条板与楼板底面连接示意图

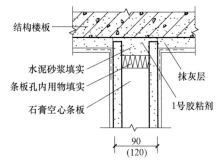

图 5.3.2-20　石膏条板与楼板底面连接示意图

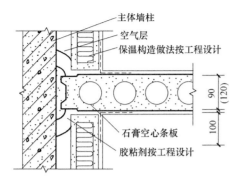

图 5.3.2-21 石膏条板与保温墙连接示意图

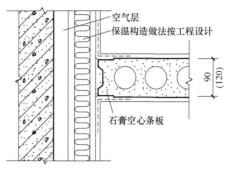

图 5.3.2-22 石膏条板与保温墙连接示意图

（8）粘结完毕的墙体，应在 24h 以后用 C20 干硬性细石混凝土将板下口堵严。当混凝土强度达到 10MPa 以上，撤去板下木楔，并用同等强度的干硬性砂浆灌实。

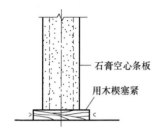

图 5.3.2-23 条板板下木楔子支撑示例图

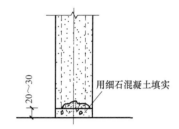

图 5.3.2-24 条板板下混凝土填实示例图

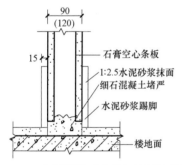

图 5.3.2-25 水泥踢脚时条板与地面连接示例图

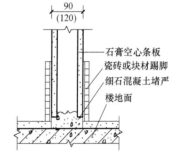

图 5.3.2-26 块材踢脚时条板与地面连接示例图

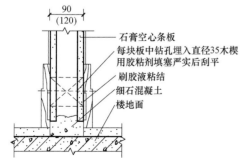

图 5.3.2-27 木踢脚时条板与地面连接示例图

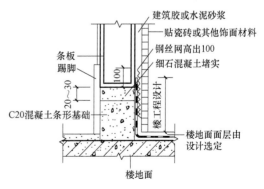

图 5.3.2-28 卫生间条板板下构成示例图

137

（9）防潮防水：条板隔墙用于厨房、卫生间及有防潮、防水要求的环境时，应采取防潮、防水处理的构造措施。石膏空心条板隔墙及其他有防水要求的条板隔墙用于潮湿环境时，下端应做混凝土条形墙垫，墙垫高度不应小于100mm，并应做泛水处理。

（10）安装门窗框：一般采用先留门窗洞口，后安门窗框的方法。钢门窗框必须与门窗口板中的预埋件焊接。门窗框与门窗口板之间缝隙不宜超过3mm，超过3mm时应加木垫片过渡。将缝隙浮灰清理干净，胶粘剂填塞密实，嵌缝要严密，以防止门窗开关时碰撞门框造成裂缝。

【隔墙需要吊挂重物，应根据使用要求设计埋件，设计吊挂点的间距应≥300mm，单点吊挂力应≤1000N。

位于门、窗框两边和顶部的门框板、窗框板、过梁板应设置预埋件与门窗固定，预埋件设置部位应为≥150mm实心。门窗框板埋件可在工厂预制，也可在工地现场制作，但必须达到养护期才能使用。门窗洞口与门窗结合部位应采取密封、隔声、防渗等措施。】

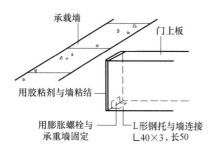

图 5.3.2-29　门上板与承重墙连接示例图

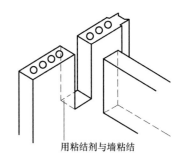

图 5.3.2-30　门上板与轻隔墙连接示例图

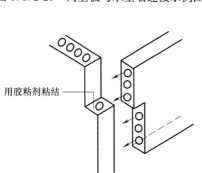

图 5.3.2-31　转角轻隔墙与门上板搭接示例图

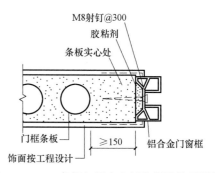

图 5.3.2-32　条板与铝合金门窗框连接示例图

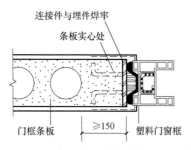

图 5.3.2-33　条板与塑料门窗框连接示例图

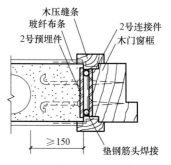

图 5.3.2-34　条板与木门窗框连接示例图

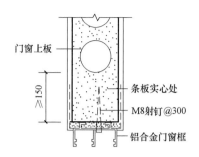

图 5.3.2-35　门窗上板与铝合金门窗框连接示例图

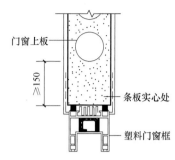

图 5.3.2-36　门窗上板与塑料门窗框连接示例图

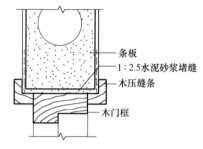

图 5.3.2-37　门窗上板与木门窗框连接示例图

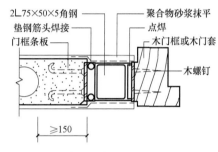

图 5.3.2-38　门窗上板与钢抱框木门框连接示例图

（11）隔墙上的孔洞、槽、盒应位置正确、套割方正、边缘整齐。铺设电线管、稳接线管：按电气安装图找准位置画出定位线，铺设电线管、稳接线盒。所有电线管必须顺石膏板板孔铺设，严禁横铺和斜铺。稳接线盒，先在板面钻孔扩孔（防止猛击），再用扁铲扩孔，孔要大小适度，要方正。孔内清理干净。

（12）安水暖、煤气管道卡：按水暖、煤气管道安装图找准标高和竖向位置，画出管卡定位线，在隔墙板上钻孔扩孔（禁止剔凿），将孔内清理干净。

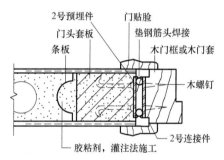

图 5.3.2-39　条板与木门框连接示例图

（13）板缝处理：隔墙板安装后 10d，检查所有缝隙是否粘结良好，有无裂缝，如出现裂缝，应查明原因后进行修补。已粘结良好的所有板缝、阴角缝，先清理浮灰，再粘贴 50mm 宽玻纤网格带，转角隔墙在阳角处粘贴 200mm 宽（每边各 100mm 宽）玻纤布一层。

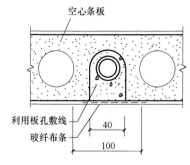

图 5.3.2-40　空心条板板孔敷管线图

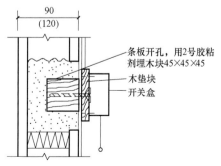

图 5.3.2-41　明线拉线开关固定示意图

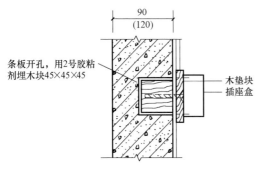

图 5.3.2-42 明显插座固定示意图

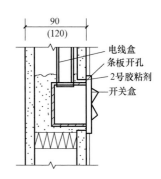

图 5.3.2-43 暗线开关固定示意图

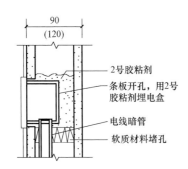

图 5.3.2-44 暗线插座固定示意图

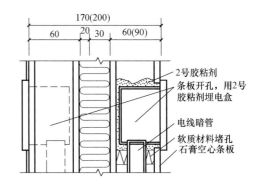

图 5.3.2-45 暗线墙插座固定示意图

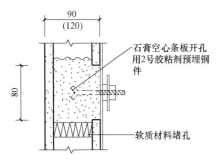

图 5.3.2-46 钢吊挂件安装示意图

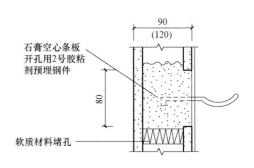

图 5.3.2-47 暖气片挂钩安装示意图

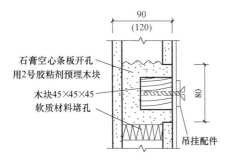

图 5.3.2-48 木吊挂件安装示意图

3.2.2 蒸压轻质加气混凝土板隔墙

（1）工艺流程

结构墙面、顶面、地面清理和找平→放墙体门窗口定位线、分档→配板、修补→支设临时方木→配置胶粘剂→安装 U 形卡件或 L 形卡件（有抗震设计要求时）→安装隔墙板→安装门窗框→设备、电气管线安装→板缝处理→板面装修。

（2）蒸压轻质加气混凝土板隔墙一般采用竖直安装法，其连接固定有刚性连接和柔性连接两

140

种方法。

U形钢卡L=200@600/100×30×2
射钉固定U形钢卡@600，射钉长度
≥30mm。

聚苯板或PE棒柔性处理
柔性连接：在两块条板顶端拼缝
处设置U形或L形钢板卡，与主
体结构连接。U形或L形钢板卡
（50mm长，1.2mm厚）用射钉固定
在结构梁和板上

图 5.3.2-49　加气混凝土隔墙连接固定示意图（柔性）

当混凝土强度达到要求，撤去板
下木楔，并用同等强度的干硬性
砂浆灌实。
刚性连接：板的上端与上部结构
底面用粘结砂浆粘结，下部用木
楔顶紧后空隙间填入细石混凝土

图 5.3.2-50　加气混凝土隔墙固定示意图（刚性）

（3）板与结构间、板与板缝间的拼接，要满抹粘结砂浆或胶粘剂，拼接时要以挤出砂浆或胶粘剂为宜，缝宽不得大于 5mm（陶粒混凝土隔板缝宽 10mm）。挤出的砂浆或胶粘剂应及时清理干净。

（4）板与板之间在距板缝钉入钢插板，在转角墙、T形墙条板连接处，沿高度每隔700~800mm 钉入销钉或直径 8mm 铁件，钉入长度不小于 150mm，铁销和销钉应随条板安装随时钉入。

（5）板缝和条板、阴阳角和门窗框边缝处理

板缝处理：隔墙板安装后 10d，检查所有缝隙是否粘结良好，有无裂缝，如出现裂缝，应查明原因后进行修补。

蒸压轻质加气混凝土隔墙板之间板缝在填缝前应用毛刷蘸水湿润，填缝时应在板的两侧同时将缝填实。填缝材料采用石膏或膨胀水泥或厂家配套添缝剂。

3.2.3　板材隔墙质量标准

（1）隔墙板材的品种、规格、性能、颜色应符合设计要求。有隔声、隔热、阻燃、防潮等特殊要求的工程，板材应有相应性能等级的检测报告（检查方法：观察；检查产品合格证书、进场验收记录和性能检测报告）。

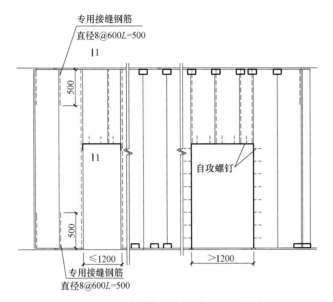

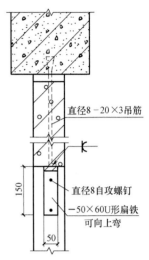

图 5.3.2-51　板与板连接及门头构造示例图　　　图 5.3.2-52　节点 1-1 剖面图

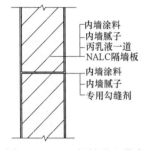

图 5.3.2-53　板缝处理节点

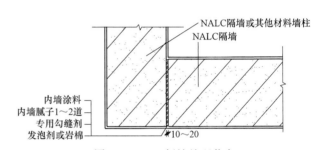

图 5.3.2-54　板缝处理节点

（2）板材的品种选择根据设计要求而确定，规格根据现场实际情况进行定制加工，性能的检测结果必须满足设计要求，颜色根据设计要求确定。

（3）隔墙板材安装必须牢固。现制钢丝网水泥隔墙与周边墙体的连接方法应符合设计要求，并应连接牢固。

（4）安装隔墙板材所需预埋件、连接件的位置、数量及连接方法应符合设计要求。

（5）隔墙板材所用接缝材料的品种及接缝方法应符合设计要求。

（6）隔墙板材安装应垂直、平整、位置正确，板材不应有裂缝或缺损。

（7）板材隔墙表面应平整光滑、色泽一致、洁净，接缝应均匀、顺直。

（8）隔墙上的孔洞、槽、盒应位置正确，套割方正，边缘整齐。

（9）板材隔墙安装的允许偏差和检验方法，见表 5.3.2。

板材隔墙安装的允许偏差和检验方法　　　　　　　　　　表 5.3.2

项次	项目	允许偏差（mm）				检验方法
		复合轻质墙板		石膏空心板	钢丝网水泥板	
		金属夹芯板	其他复合板			
1	立面垂直度	2	3	3	3	用 2m 垂直检测尺检查
2	表面平整度	2	3	3	3	用 2m 靠尺和塞尺检查

项次	项目	允许偏差(mm)				检验方法
		复合轻质墙板		石膏空心板	钢丝网水泥板	
		金属夹芯板	其他复合板			
3	阴阳角方正	3	3	3	4	用直角检测尺检查
4	接缝高低差	1	2	2	3	用钢直尺和塞尺检查

3.3 骨架隔墙

3.3.1 操作工艺及要点

（1）主体结构必须经过相关单位（建筑单位、施工单位、监理单位、设计单位）检验合格。屋面已做完防水层，室内地面、室内抹灰、玻璃等工序已完成。幕墙安装到位并采取有效地阻止雨水下落的措施。

（2）安装各种系统的管、线盒弹线及其他准备工作已到位。安装现场应保持通风且清洁、干燥，地面不得有积水、油污等，电气设备末端等必须做好半成品和成品保护措施。

（3）工艺流程

弹线→安装天地龙骨→竖向龙骨分档→安装竖龙骨→机电管线安装→安装横撑龙骨→安装门洞口→安装罩面板（一侧）→安装填充材料（岩棉）→安装罩面板（另一侧）。

（4）根据设计施工图，在地面上放出隔墙位置线、门窗洞口边框线，并放好顶龙骨位置边线。

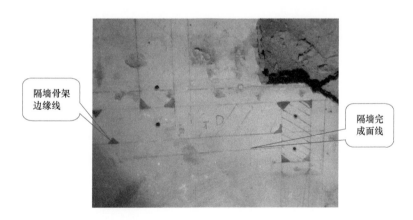

图 5.3.3-1　隔墙放线（地面）示例图

（5）地枕基座施工：将地面凿毛、清扫并洒水湿润后，做现浇混凝土地枕。厚度一般根据隔墙厚度确定。

【备注：卫生间、厨房等潮湿部位应做 C20 细石混凝土地枕。】

（6）龙骨体系

【备注：高度一般为≤3000mm。当>3000mm 时，应采取加强措施或按设计要求进行安装。门窗位置设计，不得改变内隔墙竖龙骨定位尺寸，应设附加龙骨进行调整。】

厚度一般根据隔墙厚度确定

图 5.3.3-2 地枕模板固定示例图

C20混凝土浇筑通常设置贯通钢筋

图 5.3.3-3 地枕完成示例图

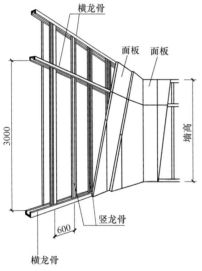

图 5.3.3-4 无贯通龙骨体系示例图

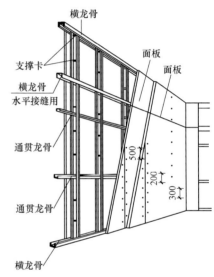

图 5.3.3-5 有贯通龙骨体系示例图

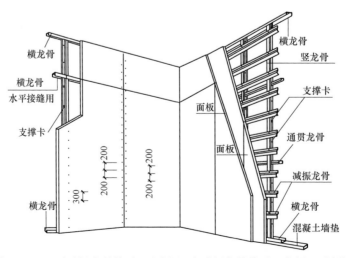

图 5.3.3-6 无减振龙骨体系（左侧）、有减振龙骨体系（右侧）示例图

144

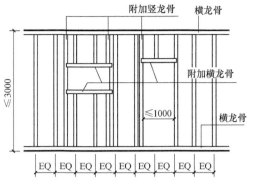

图 5.3.3-7 内隔墙龙骨布置示例图

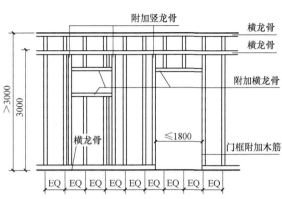

图 5.3.3-8 内隔墙龙骨布置示例图

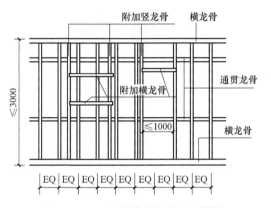

图 5.3.3-9 内隔墙龙骨布置示例图

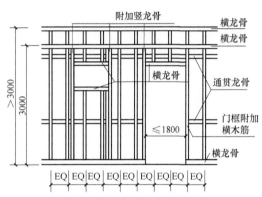

图 5.3.3-10 内隔墙龙骨布置示例图

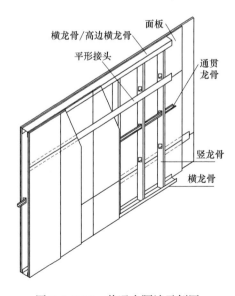

图 5.3.3-11 普通内隔墙示例图

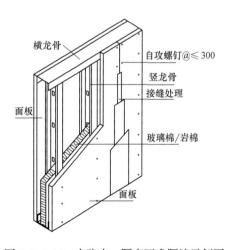

图 5.3.3-12 有防火、隔声要求隔墙示例图

（7）天地龙骨与建筑顶、地连接及竖龙骨与墙、柱连接可采用射钉，选用 M5×35mm 的射钉将龙骨与混凝土基体固定，砖砌墙、柱应采用金属膨胀螺栓。射钉或电钻打孔间距

145

图 5.3.3-13　普通内隔墙示例图

图 5.3.3-14　普通内隔墙骨架示例图

宜为 600~900mm，最大不应超过 1000mm。当与钢结构梁柱连接时，宜采用 M8 短周期外螺纹螺柱焊接，短周期焊接时间约为 0.1s，用时短，对钢结构变形影响小，焊接效果好。间距与使用膨胀螺栓相同，固定点距龙骨端部≤5cm。

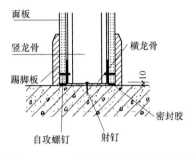

图 5.3.3-15　隔墙与地面连接示例图

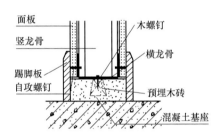

图 5.3.3-16　隔墙与地面连接示例图（刚性防水）

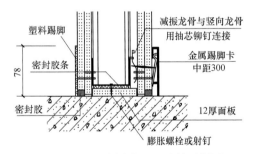

图 5.3.3-17　隔墙与地面连接示例图

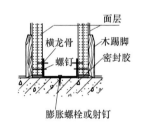

图 5.3.3-18　隔墙与地面连接示例图

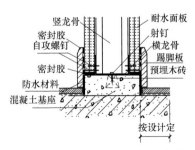

图 5.3.3-19　隔墙与地面连接示例图

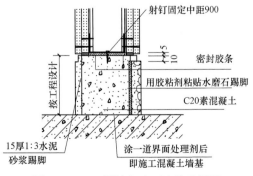

图 5.3.3-20　隔墙与地面连接示例图

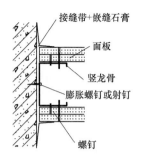

图 5.3.3-21 隔墙与主体
结构连接示例图

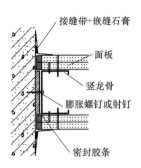

图 5.3.3-22 隔墙与主体
结构连接示例图

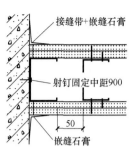

图 5.3.3-23 隔墙与主体
结构连接示例图

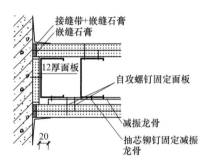

图 5.3.3-24 隔墙与主体结构连接示例图

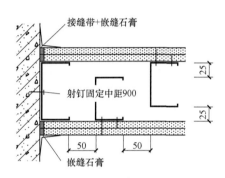

图 5.3.3-25 隔墙与主体结构连接示例图

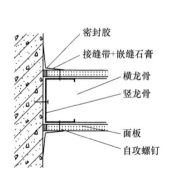

图 5.3.3-26 隔墙与主体
结构连接示例图

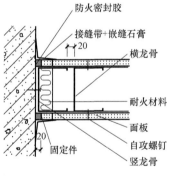

图 5.3.3-27 隔墙与主体
结构连接示例图

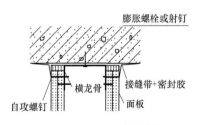

图 5.3.3-28 隔墙与结构
板连接示例图

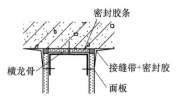

图 5.3.3-29 隔墙与结构
板连接示例图

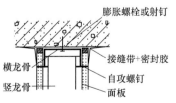

图 5.3.3-30 隔墙与结构
板连接示例图

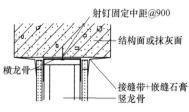

图 5.3.3-31 隔墙与梁
连接示例图

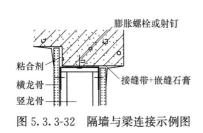

图 5.3.3-32 隔墙与梁连接示例图

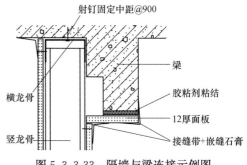

图 5.3.3-33 隔墙与梁连接示例图

（8）安装竖龙骨

1）按设计确定的间距就位竖龙骨，或根据罩面板的宽度尺寸而定。

2）罩面板材较宽者，应在其中间加设一根竖龙骨，竖龙骨中距最大不应超过600mm。

3）隔断墙的罩面层重量较大时（如贴瓷砖）的竖龙骨中距，应不大于400mm。

4）隔断墙体的高度较大时，其竖龙骨布置也应加密。墙体超过6m高时，可采取架设钢架加固等方式。

5）由隔断墙的一段开始排列竖龙骨，有门窗者要从门窗洞口开始分别向两侧排列。当最后一根竖龙骨距离沿墙（柱）龙骨的尺寸大于设计规定时，必须增设一根竖龙骨。

6）按照沿顶、地龙骨固定方式把边框龙骨固定在侧墙或柱上。靠侧墙（柱）100mm处应增设一根竖龙骨，罩面板固定时与该竖龙骨连接，不与边框龙骨固定，以避免结构伸缩缝产生裂缝。

7）竖龙骨长度应比实际墙高少10～15mm，保证隔墙适应主体结构的沉降和其他变形。

8）骨架内设备管线的安装、门窗洞口等部位加强龙骨，应安装牢固、位置正确。

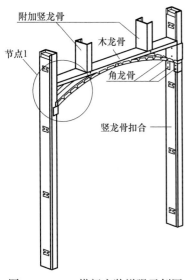

图 5.3.3-34 拱门安装增强示例图

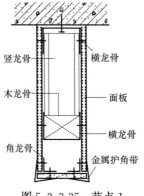

图 5.3.3-35 节点1

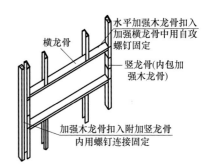

图 5.3.3-36 窗框附加龙骨
构造示例图

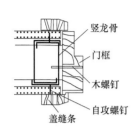

图 5.3.3-37　洞口<1000
的门框做法

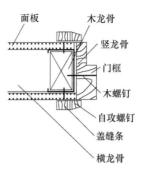

图 5.3.3-38　洞口≤1200
门框做法

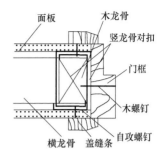

图 5.3.3-39　洞口>1200
的门框做法

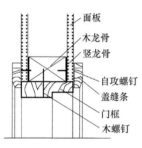

图 5.3.3-40　洞口上侧
的门框做法

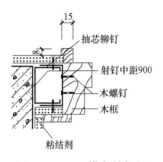

图 5.3.3-41　横龙骨与竖
龙骨组合立柱

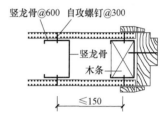

图 5.3.3-42　适用于重量
小于 25kg 的门

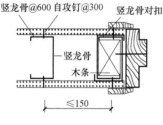

图 5.3.3-43　适用于重量
小于 50kg 的门

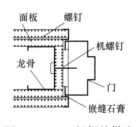

图 5.3.3-44　门框处做法

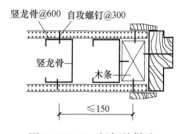

图 5.3.3-45　门框处做法

（9）安装通贯龙骨

1）通贯横撑龙骨的设置：低于 3m 的隔断墙安装 1
道，3～5m 高度的隔断墙安装 2～3 道。

2）对通贯龙骨横穿各条竖龙骨进行贯通冲孔，需接
长时应使用配套的连接件。

3）在竖龙骨开口面安装卡托或支撑卡与通贯横撑龙
骨连接锁紧，根据需要在竖龙骨背面可加设角托与通贯
龙骨固定。

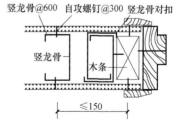

图 5.3.3-46　门框处做法

4）采用支撑卡系列的龙骨时，应先将支撑卡安装于竖龙骨开口面，卡距为 400～
600mm，距龙骨两端的距离为 20～25mm。

（10）安装横撑龙骨

隔墙骨架高度超过 3m 时，或罩面板的水平方向板端（接缝）未落在沿顶沿地龙骨上时，应设置横向龙骨。

（11）机电管线安装

按照设计要求，隔墙中设置有电源开关插座、配电箱等小型或轻型设备末端时应预先装水平龙骨及加固固定构件。消防栓、挂墙卫生洁具必须由机电安装单位另行安装独立钢支架，严禁消防栓、挂墙卫生洁具等设备直接安装在轻钢龙骨隔墙上。

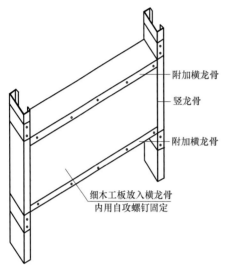

图 5.3.3-47　固定密集轻质悬挂物
及设备预埋示意图

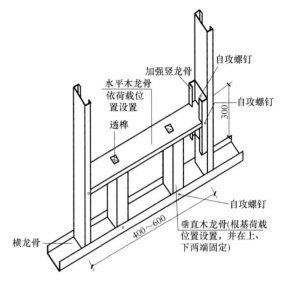

图 5.3.3-48　固定重物及洁具、设备
增强示意图

图 5.3.3-49　固定密集轻质悬挂物
及设备预埋示意图

图 5.3.3-50　悬挂物及设备预埋示意图

【备注：当荷载物大于 30kg，或（且）重心离墙面超过 100mm 时，应另行设计。】

（12）安装一侧罩面板

1）用自攻螺钉将纸面石膏板固定在竖龙骨上，自攻螺钉要沉入板材表面 0.5～1mm，不可损坏纸面，内层板钉距板边 400mm，板中 500mm，自攻螺钉距石膏板边距离为 10～15mm，从中间向两端钉牢。门窗四角部分应采用刀把形封板，隔墙下端的纸面石膏板不应直接与地面接触，应留有 10mm 缝隙，石膏板与结构墙应留有 5mm 缝隙，缝隙可用密封胶嵌实。

2）纸面石膏板安装，宜竖向铺设，其长边（包封边）接缝应落在竖龙骨上。如果为防火隔墙，纸面石膏板必须竖向铺设。曲面墙体罩面时，纸面石膏板宜横向铺设。

3）纸面石膏板可单层铺设，也可双层铺板，有设计决定。

4）纸面石膏板材就位后，上、下两端应与上下楼板面（下部有踢脚台的即指其台面）之间分别留出 3mm 间隙。

5）自攻钉的间距为：沿板周边应不大于 200mm，板材中间部分应不大于 300mm；双层石膏板内层板钉距板边 400mm，板中 500mm；自攻螺钉与石膏板边缘的距离应为 10～15mm。自攻螺钉进入轻钢龙骨内的长度，以不小于 10mm 为宜。

6）隔墙板的下端如用木踢脚板覆盖，罩面板应离地面 20～30mm；用石材踢脚板时，罩面板下端应与踢脚板上口齐平，接缝严密。隔墙下端的纸面石膏板不应直接与地面接触，应留有 10mm 缝隙。

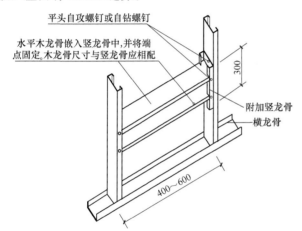

图 5.3.3-51　固定重物及设备示意图

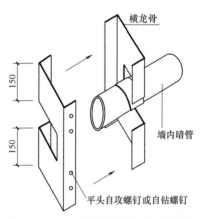

图 5.3.3-52　管线安装时加强龙骨做法

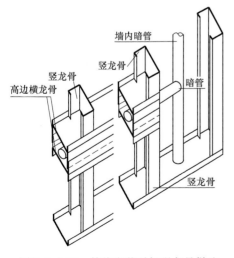

图 5.3.3-53　管线安装时加强龙骨做法

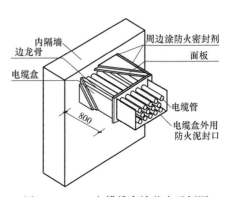

图 5.3.3-54　电缆线穿墙节点示例图

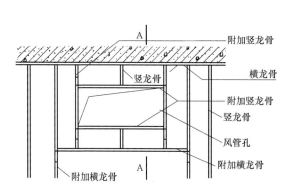

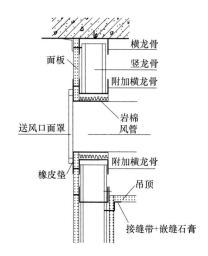

图 5.3.3-55　空调风管出墙口做法示例图　　　　图 5.3.3-56　空调风管出墙口 A-A 节点示例图

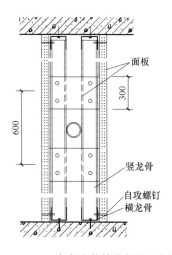

图 5.3.3-57　内穿暗装管线做法示例图

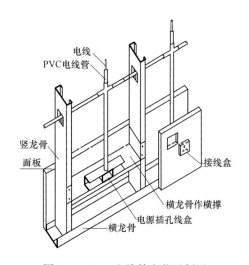

图 5.3.3-58　电线管安装示例图

图 5.3.3-59　电气末端定位示例图

图 5.3.3-60　电线管穿龙骨安装示例图

（13）保温、隔声材料铺设

当设计有保温或隔声材料时，应按设计要求的材料铺设。铺放墙体内的玻璃棉、矿棉板、岩棉板等填充材料，应固定并避免受潮。安装时尽量与另一侧纸面石膏板同时进行，填充材料应铺满铺平。

图 5.3.3-61　石膏板固定示例图

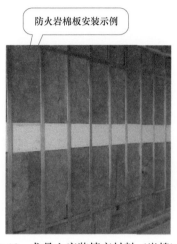

图 5.3.3-62　龙骨上安装填充材料（岩棉）示例图

（14）安装另一侧罩面板

1）装配的板缝与对面的板缝不得布在同一根龙骨上。板材的铺钉操作及自攻螺钉钉距等同上述要求。

2）单层纸面石膏板罩面安装后，如设计为双层板罩面，其第一层板铺钉安装后只需用石膏腻子填缝，尚不需进行贴穿孔纸带等处理工作。

3）第 2 层板的安装方法同第 1 层，但必须与第 1 层板的板缝错开，接缝不得布在同一根龙骨上。

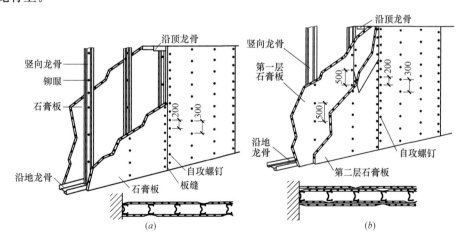

图 5.3.3-63　单层、双层面板隔墙构造示意图

（a）单层石膏板；（b）双层石膏板

（15）接缝处理

1）石膏板接缝环境温度应在 5～40℃，温度不适合禁止施工。

图 5.3.3-64　封板安装示意图

待墙体内防火、隔声、防潮填充材料及机电管线全部完成后，进行最后封板

图 5.3.3-65　封板安装示意图

2）阴角处理：将阴角部位的缝隙嵌满石膏腻子，把穿孔纸带用折纸夹折成直角状后贴于阴缝处，再用阴角贴带器及滚抹子压实。用阴角抹子薄抹一层石膏腻子，待腻子干燥后用2号砂纸磨平、磨光。

3）阳角处理：阳角转角处应使用金属护角。按墙角高度切断，安放于阳角处，用12mm长的圆钉或采用阳角护角条作临时固定，然后用石膏腻子把金属护角批抹掩埋。待完全干燥后，用2号砂纸将腻子表面磨平、磨光。

4）暗缝处理：一般选用楔形边的纸面石膏板。嵌缝所用的穿孔纸带宜先在清水中浸湿，采用石膏腻子和接缝纸带抹平。

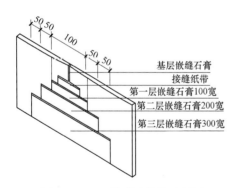

图 5.3.3-66　楔形边接缝示例图

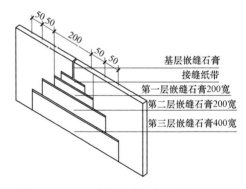

图 5.3.3-67　直角边或切割边接缝示例图

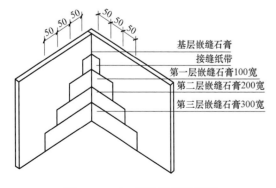

图 5.3.3-68　阴角接缝示例图

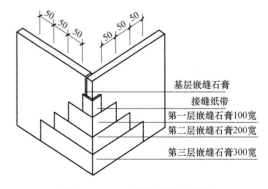

图 5.3.3-69　阳角接缝示例图

5）明缝处理

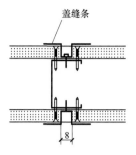

图 5.3.3-70　压条接缝示例图

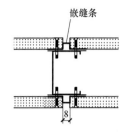

图 5.3.3-71　嵌缝条接缝示例图

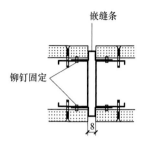

图 5.3.3-72　控制缝接缝示例图

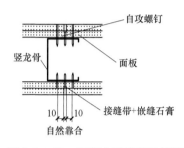

图 5.3.3-73　面板水平接缝示例图

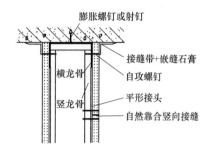

图 5.3.3-74　面板竖向接缝示例图

（16）竖向伸缩缝及顶部滑动节点、墙体滑动节点、膨胀节点

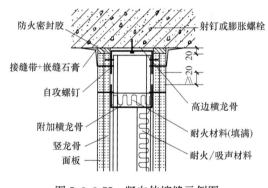

图 5.3.3-75　竖向伸缩缝示例图

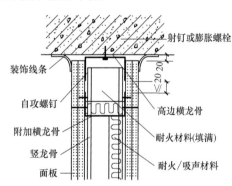

图 5.3.3-76　竖向伸缩缝示例图

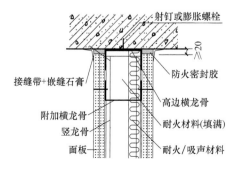

图 5.3.3-77　顶部滑动做法示例图

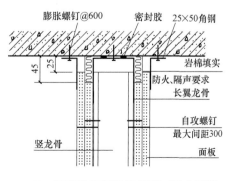

图 5.3.3-78　顶部位移做法示例图（耐火极限 1.5h）

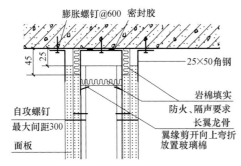

图 5.3.3-79 顶部位移做法示例图（耐火极限 2.0h）

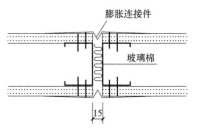

图 5.3.3-80 膨胀做法示例图

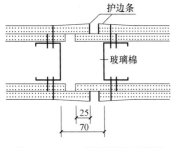

图 5.3.3-81 膨胀做法示例图

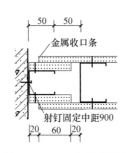

图 5.3.3-82 与墙柱滑动连接示例图

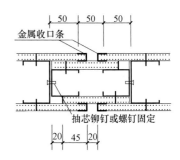

图 5.3.3-83 伸缩缝做法示例图

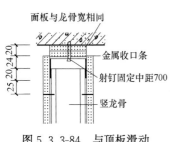

图 5.3.3-84 与顶板滑动连接示例图

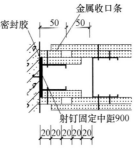

图 5.3.3-85 隔声墙与墙柱滑动连接示例图

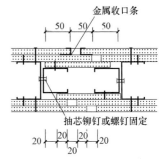

图 5.3.3-86 隔声墙伸缩缝做法示例图

3.3.2 骨架隔墙质量标准

（1）骨架隔墙所用龙骨、配件、墙面板、填充材料及嵌缝材料的品种、规格、性能和木材的含水率应符合设计要求。有隔声、隔热、阻燃、防潮等特殊要求的工程，材料应有相应性能等级的检测报告。

（2）骨架隔墙工程边框龙骨必须与基体结构连接牢固，并应平整、垂直、位置正确。

（3）骨架隔墙中龙骨间距和构造连接方法应符合设计要求。骨架内设备管线的安装、门窗洞口等部位加强龙骨应安装牢固、位置正确，填充材料的设置应符合设计要求。骨架隔墙在有门窗洞口、设备管线安装或其他受力部位，应安装加强龙骨，增强龙骨骨架的强度，以保证在门窗开启使用或受力时隔墙的稳定。

（4）木龙骨及木墙面板的防火和防腐处理必须符合设计要求。

（5）骨架隔墙的墙面板应安装牢固，无脱层、翘曲、折裂及缺损。

（6）墙面板所用接缝材料的接缝方法应符合设计要求。

（7）骨架隔墙表面应平整光滑、色泽一致、洁净、无裂缝，接缝应均匀、顺直。

（8）骨架隔墙上的孔洞、槽、盒应位置正确、套割吻合、边缘整齐。

（9）骨架隔墙内的填充材料应干燥，填充应密实、均匀、无下坠。

（10）骨架隔墙安装的允许偏差和检验方法。

骨架隔墙安装的允许偏差和检验方法　　　　　　　　表 5.3.3

项次	项目	允许偏差（mm）		检验方法
		纸面石膏板	人造木板、水泥纤维板	
1	立面垂直度	3	4	用 2m 垂直检测尺检查
2	表面平整度	3	3	用 2m 靠尺和塞尺检查
3	阴阳角方正	3	3	用直角检测尺检查
4	接缝直线度	—	3	拉 5m 线，不足 5m 拉通线，用钢直尺检查
5	压条直线度	—	3	拉 5m 线，不足 5m 拉通线，用钢直尺检查
6	接缝高低差	1	1	用钢直尺和塞尺检查

3.4　活动隔墙

3.4.1　活动隔墙施工工艺流程

（1）工艺流程

定位放线→隔墙板两侧藏板房施工→上下导轨安装→隔扇制作与安装→隔扇间连接→密封条安装→调试验收。

（2）定位放线：按设计施工图确定隔墙位置，在楼地面弹线，并将线引测至顶棚和侧墙。

（3）隔墙板两侧藏板房施工：根据现场情况和隔断样式设计藏板房及轨道走向，以方便活动隔板收纳，藏板房外围护装饰按照设计要求施工。

（4）上下轨道安装

1）上轨道安装：为装卸方便，隔墙的上部有一个通长的上槛，一般上槛的形式有两种：一种是槽形，一种是 T 形。都是用钢、铝制成的。顶部有钢梁的，通过金属胀栓和钢架将轨道固定于吊顶上，无结构梁固定于结构楼板，做型钢支架安装轨道，多用于悬吊导向式活动隔墙。滑轮设置在隔扇顶面正中央，由于支撑点与隔扇的中心位于同一条直线上，楼地面上就不必再设轨道。上部滑轮形式较多。隔扇较重时，可采用带有滚珠轴承的滑轮，隔扇较轻时，以用带有金属轴套的尼龙滑轮或滑钮。作为上部支撑点的滑轮小车组，与固定隔扇垂直轴要保持自由转动的关系，以便隔扇能够随时改变自身的角度。

2）下轨道安装（导向槽）：一般用于支撑型导向式活动隔墙。当上部滑轮设在隔扇顶面的一端时，楼地面上相应的设轨道，隔扇地面要相应地设滑轮，构成下部支撑点。如果隔扇较高，可在楼地面上设置导向槽，在楼地面相应地设置中间带凸缘的滑轮或导向杆，防止在启闭的过程中间侧摇摆。

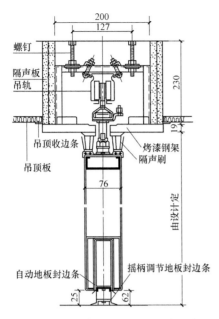

图 5.3.4-1 推拉式活动隔断吊轨示例图

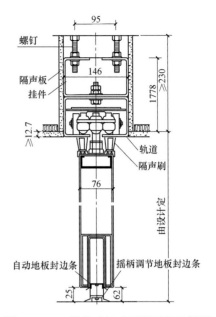

图 5.3.4-2 推拉式活动隔断吊轨示例图

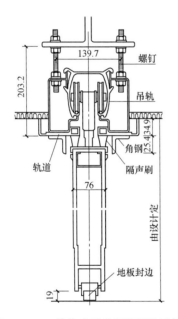

图 5.3.4-3 推拉式活动隔断吊轨示例图

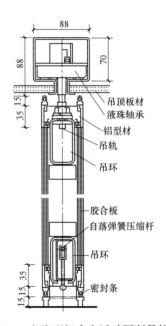

图 5.3.4-4 空腹型铝多扇活动隔断吊轨示例图

（5）隔墙扇制作：隔墙山根据设计要求覆装饰面。隔音要求较高的隔墙，可在两层板之间设置隔音层，并将隔扇的两个垂直边做成企口缝，以便使相邻隔扇能紧密的咬合在一起，达到隔音目的。隔墙扇的顶面与平顶之间保持 50mm 左右的缝隙，以便于安装和拆卸。

（6）密封条安装：隔扇的底面与楼地面之间的缝隙（约 25mm）用橡胶或毡制密封条遮盖。隔墙板上下预留有安装隔音条的槽口，将产品配套的隔音条背筋塞入槽口内，当楼

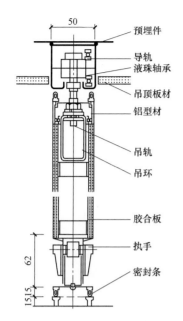

图 5.3.4-5 空腹型铝多扇活动隔断吊轨示例图

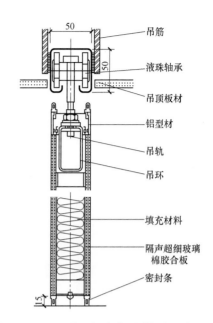

图 5.3.4-6 空腹型铝多扇活动隔断吊轨示例图

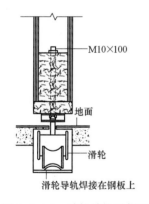

图 5.3.4-7 单轮单轨示例图

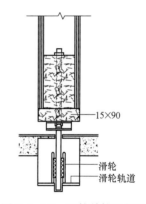

图 5.3.4-8 双轮单轨示例图

地面上不设轨道时，可在隔扇的底面设一个富有弹性的密封垫，并相应的采用专门装置，使隔墙板封闭状态时能够稍稍落下，从而将密封垫紧紧压在楼地面，确保隔音条能够将缝隙较好的密闭。

（7）活动隔断集中常见形式

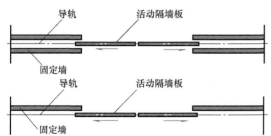

图 5.3.4-9 活动隔墙推拉直滑式-直线滑行

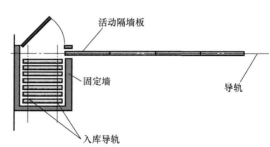

图 5.3.4-10 活动隔墙推拉直滑式-平移入库

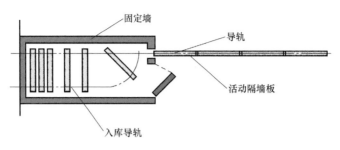

图 5.3.4-11　活动隔墙推拉直滑式-转向入库

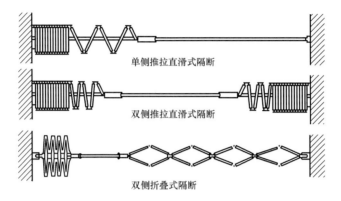

图 5.3.4-12　活动隔墙折叠式

图 5.3.4-13　活动隔墙

图 5.3.4-14　活动隔墙

3.4.2　活动隔墙质量标准

（1）活动隔墙所用墙板、配件等材料的品种、规格、性能和木材的含水率应符合设计要求。有阻燃、防潮等特性要求的工程，材料应有相应性能等级的检测报告。

（2）活动隔墙轨道必须与基体结构连接牢固，并应位置正确。

（3）活动隔墙用于组装、推拉和制动的构配件必须安装牢固、位置正确，推拉必须安全、平稳、灵活。

（4）活动隔墙制作方法、组合方式应符合设计要求。

（5）活动隔墙表面色泽一致、平整光滑、洁净，线条应顺直、清晰。

（6）活动隔墙上的孔洞、槽、盒应位置正确、套割吻合、边缘整齐。

（7）活动隔墙推拉应无噪声。

（8）活动隔墙安装的允许偏差和检验方法见表5.3.4。

活动隔墙安装的允许偏差和检验方法　　　　　　　　　　表5.3.4

项次	项　目	允许偏差(mm)	检　验　方　法
1	立面垂直度	3	用2m垂直检测尺检查
2	表面平整度	2	用2m靠尺和塞尺检查
3	接缝直线度	3	拉5m线,不足5m拉通线,用钢直尺检查
4	接缝高低差	2	用钢直尺和塞尺检查
5	接缝宽度	2	用钢直尺检查

3.5　玻璃隔墙

玻璃隔墙一般为定尺加工后现场安装，规格、品种、样式多样化，根据设计要求进行选材加工。

3.5.1　玻璃砖隔墙

（1）工艺流程

定位放线→固定周边框架（如设计）→扎筋→排砖→玻璃砖砌筑→勾缝→边饰处理→清洁验收。

（2）定位放线：在墙下面弹好撂底砖线，按标高立好皮数杆。砌筑前用素混凝土或垫木找平并控制好标高；在玻璃砖墙四周根据设计图纸尺寸要求弹好墙身线。

（3）固定周边框架：将框架固定好，用素混凝土或垫木找平并控制好标高，骨架与结构连接牢固。同时做好防水层及保护层。固定金属型材框用的镀锌钢膨胀螺栓直径不得小于8mm，间距≤500mm。

（4）横向钢筋：非增强的室内空心玻璃砖隔断尺寸应符合规范要求（表5.3.5-1）。

非增强的室内空心玻璃砖隔断尺寸表　　　　　　　表5.3.5-1

砖缝的布置	隔断尺寸(m)		砖缝的布置	隔断尺寸(m)	
	高度	长度		高度	长度
贯通的	≤1.5	≤1.5	错开的	≤1.5	≤6.0

室内空心玻璃砖隔断的尺寸超过表5.3.5-1的规定时，应采用直径为6mm或8mm的钢筋增强。当隔断的高度超过规定时，应在垂直方向上每2层空心玻璃砖水平布置一根钢筋，当只有隔断的长度超过规定时，应在水平方向上每3个缝垂直布置一根钢筋。

钢筋每端伸入金属型材框的尺寸不得小于35mm。用钢筋增强的室内空心玻璃砖隔断的高度不得超过4m。

（5）排砖：玻璃砖砌体采用十字缝立砖砌法。按照排版图弹好的位置线，首先认真核对玻璃砖墙长度尺寸是否符合排砖模数。否则可调整隔断两侧的槽钢或木框的厚度及砖缝的厚度，注意隔墙两侧调整的宽度要保持一致，隔墙上部槽钢调整后的宽度也应进行保持一致。

（6）挂线：砌筑第一层应双面挂线。如玻璃砖隔墙较长，则应在中间多设几个支线点，每层玻璃砖砌筑时均需挂平线。

图 5.3.5-1 竖筋设置示例图　　　　　　图 5.3.5-2 竖筋设置示例图

（7）玻璃砖砌筑

1）两玻璃砖之间的砖缝不得小于 10mm，且不得大于 30mm。

2）砌筑时，将上层玻璃砖压在下层玻璃砖上，同时使玻璃砖的中间槽卡在定位架上，两层玻璃砖的间距为 5～10mm，每砌筑完一层后，用湿布将玻璃砖面上沾着的水泥浆擦去。水泥砂浆铺砌时，水泥砂浆应铺得稍厚一些，慢慢挤揉，立缝灌砂浆一定要捣实。缝中承力钢筋间隔小于 650mm，伸入竖缝和横缝，并与玻璃砖上下、两侧的框体和结构体牢固连接。

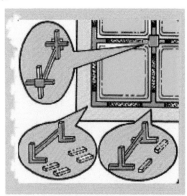

图 5.3.5-3 安装定位支架（＋、T或L形）　图 5.3.5-4 安装定位支架（＋、T或L形）

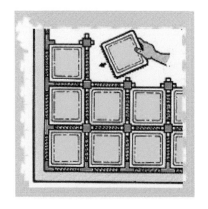

图 5.3.5-5 用砂浆砌玻璃砖（自下而上，逐层叠加）　图 5.3.5-6 用砂浆砌玻璃砖

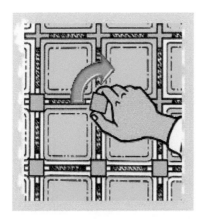

图 5.3.5-7　砌完后，去除定位支架上多余的板块

图 5.3.5-8　去除定位支架上多余的板块

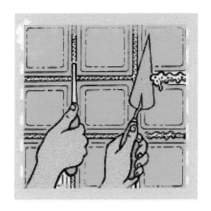

图 5.3.5-9　用腻刀勾缝，并去除多余的砂浆

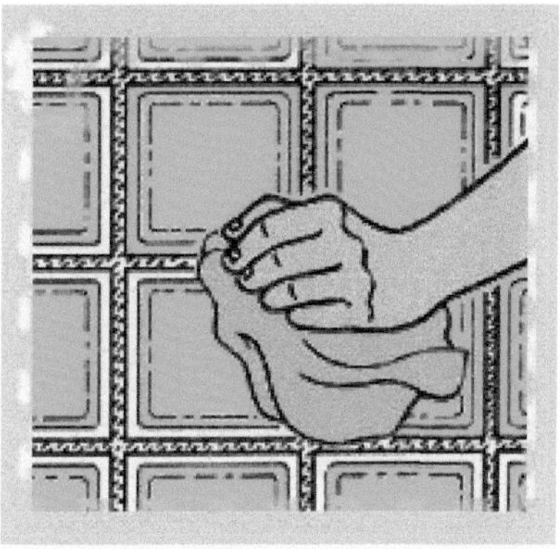

图 5.3.5-10　及时用潮湿的抹布擦去玻璃砖上的砂浆

3）玻璃砖墙宜以 1.5m 高为一个施工段，待下部施工段胶结料达到设计强度后再进行上部施工。

4）最上层的空心玻璃砖应伸入顶部的金属型材框中，深入尺寸不得小于 10mm，且不大于 25mm。空心玻璃砖与顶部金属型材框的腹面之间应用木楔固定。

（8）饰边处理：在与建筑结构连接时，室内空心玻璃砖隔断与金属型材框两翼接触的部位应留有滑缝，且不得小于 4mm。与金属型材框腹面接触的部位应留有胀缝，且不得小于 10mm。

图 5.3.5-11　及时用潮湿的抹布擦去
玻璃砖上的砂浆

图 5.3.5-12　玻璃砖隔墙示例图

163

图 5.3.5-13 玻璃砖
隔墙示例图

图 5.3.5-14 玻璃砖
外墙示例图

图 5.3.5-15 玻璃砖隔
墙示例图

3.5.2 玻璃砖支架胶粘法

玻璃砖支架胶粘法的具体施工流程与玻璃砖砌筑法相同。

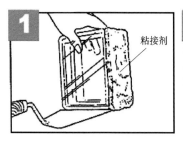

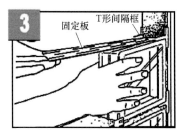
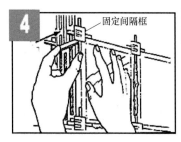
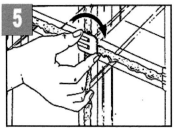

图 5.3.5-16 胶筑法安装玻璃砖墙工艺示意图

3.5.3 玻璃板隔墙

（1）施工工艺流程

定位放线→固定隔墙边框架（如设计）→玻璃板安装→压条固定。

（2）定位放线：根据图纸墙位放墙体定位线，基底应平整、牢固。

（3）固定周边框架：根据设计要求选用龙骨，木龙骨含水率必须符合规范规定。金属框架时，多选用铝合金型材或不锈钢型材。采用钢架龙骨或木制龙骨，均应做好防火防腐处理，安装牢固。

（4）玻璃板安装及压条固定：玻璃与基架框的结合不宜太紧密，玻璃放入框内后，与框的上部和侧边应留有 3～5mm 左右的缝隙，防止玻璃由于热胀冷缩而开裂。根据金属框

164

的尺寸裁割玻璃，玻璃与框架的结合不宜太紧密，应该按小于框架 3～5mm 的尺寸裁割玻璃。安装玻璃前，应在框架下部的玻璃放置面上，放置一层厚 2mm 的橡胶垫。

图 5.3.5-17　玻璃型材隔墙示例图

图 5.3.5-18　玻璃型材隔墙示例图

3.5.4　玻璃隔墙质量标准

（1）玻璃隔墙工程所用材料的品种、规格、性能、图案和颜色应符合设计要求。玻璃板隔墙应使用安全玻璃。

（2）玻璃砖隔墙的砌筑或玻璃板隔墙的安装方法应符合设计要求。

（3）玻璃砖隔墙砌筑中埋设的拉结筋必须与基体结构连接牢固，并应位置正确。

（4）玻璃砖砌筑隔墙中应埋设拉结筋，拉结筋要与建筑主体结构或受力杆件有可靠的连接；玻璃板隔墙的受力边也要与建筑主体结构或受力杆件有可靠的连接，以充分保证其整体稳定性，保证墙体的安全。

（5）玻璃板隔墙的安装必须牢固。玻璃隔墙胶垫的安装应正确。

（6）玻璃隔墙表面应色泽一致、平整洁净、清晰美观。

（7）玻璃隔墙接缝应横平竖直，玻璃应无裂痕、缺损和划痕。

（8）玻璃板隔墙嵌缝及玻璃砖隔墙勾缝应密实平整、均匀顺直、深浅一致。

（9）玻璃隔墙安装的允许偏差和检验方法。

玻璃隔墙安装的允许偏差和检验方法　　　　表 5.3.5-2

项次	项　　　目	允许偏差（mm）		检 验 方 法
		玻璃砖	玻璃板	
1	立面垂直度	3	2	用 2m 垂直检测尺检查
2	表面平整度	3	—	用 2m 靠尺和塞尺检查
3	阴阳角方正	—	2	用直角检测尺检查
4	接缝直线度	—	2	拉 5m 线，不足 5m 拉通线，用钢直尺检查
5	接缝高低差	3	2	用钢直尺和塞尺检查
6	接缝宽度	—	1	用钢直尺检查

3.6　隔断工程

传统意义上，所谓隔断是指专门分隔室内空间的不到顶的半截立面，而在如今的装修过程中，许多有形隔断却由家具等充当，比如屏风、展示架、酒柜，这样的隔断既能打破固有格局、区分不同性质的空间，又能使居室环境富于变化、实现空间之间的相互交流。

（1）隔断工程所有的玻璃的品种、规格、性能、图案和颜色应符合设计要求，玻璃隔断应使用安全玻璃。

（2）隔断的安装方法应符合设计要求。

（3）隔断安装必须牢固，玻璃隔断胶垫的安装应正确。

（4）在膨胀螺栓固定型材边框过程中，有防水要求的房间必须注意对防水层的保护，不得破坏防水层。认真核实墙体内管线走向后，再进行胀栓固定。

隔断的几种常见样式见图 5.3.6-1～图 5.3.6-7。

图 5.3.6-1　卫生间隔断图

图 5.3.6-2　卫生间隔断效果图

图 5.3.6-3　走廊防护隔断

图 5.3.6-4　采光厅防护隔断

图 5.3.6-5　围挡隔断

图 5.3.6-6　开间隔断

图 5.3.6-7　走廊隔断

第6章　饰面板工程

饰面板工程应满足设计要求，保证使用功能，安全、耐久、防火节能、环保，工程细腻，工艺考究，观感质量优良，尤其要注意以下几方面：

（1）注意对板材的排版（均板与特殊尺寸板排布位置），强调基层深化设计；

（2）注意对板材与各专业设备末端安装的吻合；

（3）注意饰面工程与其他工程交接部位的收口处理，吊顶工程本身不同材料、不同部位的交叉、交圈对口、收口。

1　主要相关规范标准

本章适用于工业与民用建筑中室内饰面板装饰工程。

《建筑装饰装修工程质量验收规范》GB 50210

《建筑工程施工质量验收统一标准》GB 50300

《民用建筑工程室内环境污染控制规范》GB 50325

《住宅装饰装修工程施工规范》GB 50327

《金属与石材幕墙工程技术规范》JGJ 133

《天然大理石建筑板材》JC/T 19766

《干挂饰面石材及金属挂件》JGJ9 83

《建筑钢结构焊接技术规程》JGJ9 81

《内装修-墙面装修》13J502-1

2　饰面板工程强制性条文

2.1　《建筑装饰装修工程质量验收规范》GB 50210—2001 强制性条文

（1）（8.2.4 条）饰面板安装工程的预埋件（或后置埋件）、连接件的数量、规格、位置、连接方法和防腐处理必须符合设计要求。后置埋件的现场拉拔强度必须符合设计要求。饰面板安装必须牢固。

（2）（8.3.4 条）饰面砖粘贴必须牢固。

2.2　《建筑内部装修设计防火规范》GB 50222—95（2001 年局部修订）强制性条文

（1）（第 3.2.3 条）当同时装有火灾自动报警装置和自动灭火系统时，其顶棚装修材料的燃烧性能可在表 3.2.1 规定的基础上降低一级，其他装修材料的燃烧性能等级可不限制；

（2）（第 3.4.2 条）地下民用建筑的疏散走道和安全出口的门厅，其顶棚、墙面和地面的装修材料应采用 A 级装修材料；

（3）（第 3.1.2 条）除地下建筑外，无窗房间的内部装修材料的燃烧性能等级，除 A 级外，应在本规范规定的基础上提高一级；

（4）（第 3.1.6 条）无自然采光楼梯间、封闭楼梯间、防烟楼梯间的顶棚、墙面和地面均应采用 A 级装修材料；

（5）（第 3.1.13 条）地上建筑的水平疏散走道和安全出口的门厅，其顶棚装修材料应采用 A 级装修材料，其他部位应采用不低于 B1 级的装修材料；

（6）（第 3.1.18 条）当歌舞厅、卡拉 OK 厅（含具有卡拉 OK 功能的餐厅）、夜总会、录像厅、放映厅、桑拿浴（除洗浴部分外）、游艺厅（含电子游艺厅）、网吧等歌舞娱乐场所（以下简称歌舞娱乐放映游艺场所）设置在一、二级耐火等级建筑的四层及四层以上时，室内装修的顶棚材料应采用 A 级装修材料，其他部位应采用不低于 B1 级的装修材料；设置在地下一层时，室内装修的墙面材料应采用 A 级装修材料，其他部位采用不低于 B1 级的装修材料。

3 饰面板工程原材料的现场管理

3.1 饰面板材料进场

3.1.1 饰面板材料（含面层材料及基层材料）的品种、规格和质量应符合设计要求和国家现行标准的规定。当设计无要求时应符合国家现行标准的规定。严禁使用国家明令淘汰的材料。

3.1.2 饰面板材料进场时应对品种、规格、外观和尺寸进行验收。材料包装应完好，应有产品合格证书、中文说明书及相关性能的检测报告；进口产品应按规定进行商品检验。

3.2 饰面板材料检验

3.2.1 饰面板（砖）工程应对下列材料及其性能指标进行复验：
（1）室内用花岗石的放射性。
（2）粘贴用水泥的凝结时间、安定性和抗压强度。
（3）外墙陶瓷面砖的吸水率。
（4）寒冷地区外墙陶瓷面砖的抗冻性。

检测取样要求 表 6.3.1-1

序号	材料名称	检验批次	进场复验项目
1	陶瓷砖	同一厂家、同一品种 5000m²	吸水率
			抗冻性
2	陶瓷砖粘结剂	同一厂家同一品种，20000m³ 以下不少于 3 次，20000m³ 以上各抽查不少于 6 次	拉伸粘接强度

序号	材料名称	检验批次	进场复验项目
3	天然大理石建筑板材	100m²	体积密度、吸水率、干燥压缩强度、干燥弯曲强度、抗冻系数、水饱和弯曲强度
4	天然花岗石建筑板材	200m²	体积密度、吸水率、干燥压缩强度、干燥弯曲强度、抗冻系数、水饱和弯曲强度

4 饰面板工程的施工管理

4.1 作业条件

4.1.1 施工前应熟悉现场、图纸及设计说明，根据不同情况进行实际操作。

4.1.2 设计要求对房间的净高、洞口标高和吊顶内的管道、设备及其支架的标高进行交接检验。

4.1.3 隐蔽验收记录和饰面材料复试报告准备完毕，并全部合格。

4.1.4 设备安装完成，罩面板安装前，墙面内各种管道、管线及设备应检验、试水、试压验收合格。

4.1.5 面板安装前，基层封板验收完成。

4.2 装饰石材

4.2.1 湿挂安装

(1) 操作工艺：石材背网铲除→石材防护→石材喷砂→钻孔、剔槽→穿铜丝或镀锌铅丝→安装石板→分层灌浆→擦缝、清洁。

(2) 石材背网铲除：湿挂石材进场后，应将所有背网全部铲除。

【注：石材湿挂时，背网与水泥粘接不牢，易造成石材与粘接层脱离，造成空鼓、脱落隐患，故石材进场后应将背网全部铲除。】

图 6.4.2-1 石材背网铲除示例图 　　　　图 6.4.2-2 石材背网铲除示例图

(3) 石材防护：石材背部及四侧边涂布石材底面专用保护剂。

【注：在石材的安装过程中，石材的黏合剂（胶粘剂、砂浆等），容易造成石材的污

染。通过在石材的表面和接缝（共 5 个面）处涂刷养护剂，形成了一层良好的渗水、透气和耐酸碱的浸渍层，在清除石材表面的养护剂浮粉后，既不影响水泥的粘结力、又能抗击水泥和金属铁对石材的侵蚀和污染，可有效地防止各种"石材病"。】

图 6.4.2-3　石材防护示例图　　　　　　　　图 6.4.2-4　石材防护示例图

（4）石材喷砂：将背涂胶均匀涂刷在干燥的石材背面，随即将沙粒均匀喷在胶面上，喷胶后要用刀片清理四边，待胶表面干燥即可码放。

【注：加大石材背面与水泥砂浆的粘结性，避免空鼓现象出现。】

图 6.4.2-5　石材喷砂示例图　　　　　　　　图 6.4.2-6　石材喷砂示例图

（5）钻孔、剔槽

安装前先将饰面板按照设计要求用台钻打眼，在每块板的上、下两个面打眼，孔位打在距板宽的两端 1/4 处，每个面各打两个眼，孔径为 5mm，深度宜为 12mm，孔位距离石板背面以 8mm 为宜。

若饰面板规格较大，如下端不好拴绑镀锌铅丝或铜丝时，可在未镶贴饰面的一侧，采用手提轻便的小薄砂轮，按规定在板高的 1/4 处上、下各开一槽（槽长约 30～40mm，槽深约 12mm 与饰面板背面打通，竖槽一般居中，亦可偏外，但以不损坏外饰面和不返碱为宜），可将镀锌铅丝或铜丝卧入槽内，便可拴绑于固定件。

（6）穿铜丝或镀锌铅丝

把准备好的穿铜丝或镀锌铅丝剪成 20mm 左右，一端用木楔粘环氧树脂将铜丝或镀锌铅丝插入孔内固定牢固，另一端将铜丝或镀锌铅丝顺孔槽弯曲并卧入槽内，使石板上、下端没有铜丝或镀锌铅丝突出，以便和相邻石板接缝密实。

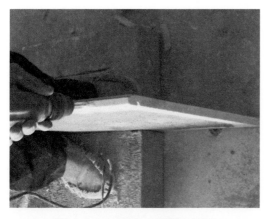

图 6.4.2-7　钻孔、剔槽示例图

图 6.4.2-8　钻孔、剔槽示例图

图 6.4.2-9　穿铜丝或镀锌铅丝示例图

图 6.4.2-10　穿铜丝或镀锌铅丝示例图

（7）安装石板

按部位、编号取石材用铜丝或镀锌铅丝，将石板就位，石板上口外仰，右手伸入石板背面，把石板下口铜丝或镀锌铅丝绑扎在固定点上。绑时不要太紧可留余量，只要把铜丝或镀锌铅丝拴牢固即可，把石板竖起，便可绑石板上口铜丝或镀锌铅丝，并用木楔子垫稳，块材与基层之间的缝隙一般为 30~50mm。用靠尺板检查调整木楔，再拴紧铜丝或镀锌铅丝，依次向另一方进行。柱面可按照顺时针方向安装，一般先从正面开始。第一层安装完毕再用靠尺找垂直，水平尺找平整，方尺找阴阳角方正，在安装石板时如发现石板规格不准确或石板之间的空隙不符，应用铅皮垫牢，使石板之间的缝隙均匀一致，并保持第一层石板上口的平直。再用靠尺检查有无变形，等环氧树脂 AB 胶干透后方可灌浆。

（8）分层灌浆

把配合比为 1∶2.5 水泥砂浆放入半截大桶加水调成糊状，用铁簸箕舀浆徐徐倒入，注意不要碰到石材板，边灌浆边用小铁棍轻轻插捣，使灌入砂浆排气。第一层浇灌高度为 150mm，不能超过石板高度的 1/3，隔夜再浇灌第二层，每块板分三次灌浆，第一层灌浆很重要，因要锚固石材板的下口铜丝又要固定石材板，所以要谨慎操作，防止碰撞和猛灌。如发生石材板外移错动，应立即拆除重新安装。

【备注：墙面湿挂石材灌浆：浅色石材（雅士白、卡洛灰、超白洞等）为防止透底，灌浆采用白水泥。】

图 6.4.2-11　安装石板示例图

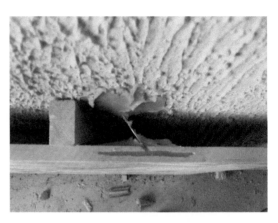
图 6.4.2-12　安装石板示例图

图 6.4.2-13　分层灌浆示例图

图 6.4.2-14　分层灌浆示例图

（9）擦缝、清洁

全部石板安装完毕后，清洁所有石膏和余浆痕迹，用麻布擦洗干净，并按石材板颜色调制色浆嵌缝，边嵌边擦干净，使缝隙密实、均匀、干净、颜色一致。

图 6.4.2-15　湿挂石材示例图

图 6.4.2-16　湿挂石材示例图

4.2.2　干挂墙面

（1）操作工艺

吊垂线、套方找规矩→龙骨固定和连接→石材开槽、开孔→挂件安装→石材安装→擦缝、打胶。

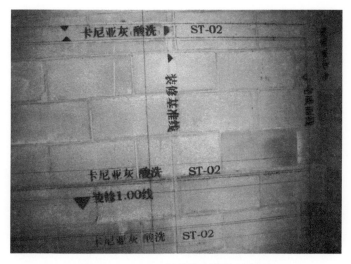

图 6.4.2-17　石材分格定位线示例图

（2）吊垂线、套方找规矩

在建筑物的四大角和门窗洞口边用经纬仪打垂直线；如果建筑物为多层时，可以从顶层开始用特制的大线坠，绷铁丝吊垂直；然后根据窗门、楼层水平线胶圈找控制点。按照设计分块大样图，在地面、墙面上分别弹出底层石材位置线和墙面石材的分块线。

（3）龙骨固定和连接

1）在墙上，根据石材的分块线和石板的开槽线（打孔）位置弹出纵横向龙骨位置线。干挂石材宜采用墙面预埋铁件的办法，如采用后置埋件应符合设计图纸要求。

【备注：二次结构墙体宜采用穿墙通丝，墙体背面需有埋件。】

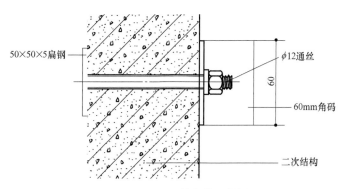

图 6.4.2-18　埋件安装示例图

2）焊接将钢型材龙骨焊接在埋件上。宜先焊接竖龙骨，焊接的焊缝高度、长度应符合设计要求，经检验合格后按分块线的位置焊接水平龙骨。水平龙骨焊接前应根据石板尺寸、挂件位置提前进行打孔，孔径一般应大于固定挂件螺栓的1~2mm，左右方向最好打成椭圆形，以便挂件的左右调整。

图 6.4.2-19　埋件安装示例图

图 6.4.2-20　埋件安装示例图

图 6.4.2-21　焊接横竖龙骨示例图

图 6.4.2-22　焊接横竖龙骨示例图

3）检查水平高度和焊缝符合设计要求后将焊渣敲干净，涂刷防腐材料。一般情况下，室内钢材涂刷 2 遍防锈漆，要求涂刷均匀，不得漏刷。

图 4.4.2-23　敲焊渣、刷防锈漆示例图

（4）石材开槽、开孔

将石板临时固定，按照设计位置用云石机在石板上下边各开两个短平槽。短平槽长度

174

不应小于100mm，在有效长度内槽深不宜小于15mm；开槽宽度宜为6～7mm（挂件：不锈钢支撑板厚度不宜小于3mm，铝合金支撑板厚度不宜小于4mm）。弧形槽的有效长度不应小于80mm。设的计无要求时，两短槽边距离石板两端部的距离不应小于石板厚度3倍且不应大于180mm。

【备注：石材开槽口不宜过宽，花岗石槽口边净厚不得小于6mm，大理石槽边净厚不得小于7mm。】

（5）挂件安装

将挂件用螺栓临时固定在横龙骨的打眼处，安装时螺栓的螺帽朝上，同时应将平垫、弹簧垫安放齐全并适当拧紧。将首层石材逐块进行试挂，位置不相符时应调整挂件的左右使其相符。

【备注：金属挂件连接板截面尺寸不宜小于4mm×40mm。】

图6.4.2-24　挂件安装示例图

图6.4.2-25　挂件安装示例图

（6）石材安装

首层石板安装。将沿地面层的挂件进行检查，如平垫、弹簧垫安放齐则拧紧螺帽。将石板下的槽内抹满环氧树脂专用胶，然后将石板插入；调整石板的左右位置找完水平、垂直、方正后将石板上槽内抹满环氧树脂专用胶。

图6.4.2-26　石材安装示例图

图6.4.2-27　石材安装示例图

（7）擦缝、打胶

擦缝：设计为密缝时石板安装完毕后，用麻布擦干净石板表面，并按石板颜色调制色浆嵌缝，边嵌边擦干净，使缝密实、均匀、干净、颜色一致。打胶：用麻布擦干净石材表面，在石板的缝隙内放入与缝大小适应的泡沫板，使其凹进石材表面 3~5mm 并均匀顺直，然后用注胶枪注胶，使缝隙密实、均匀、干净、颜色一致、接头处光滑。

图 6.4.2-28　干挂石材示例图

图 6.4.2-29　干挂石材示例图

图 6.4.2-30　干挂石材示例图

图 6.4.2-31　干挂石材示例图

4.2.3　石材暗门

（1）消防栓钢门轴采用 Q235 钢制成。

（2）消防栓钢门轴在现场安装时应按照图纸设计尺寸准确定位。

（3）为避免消防栓门左右开启的需要，消防栓箱门两侧的竖龙骨侧边可同样偏离石材饰面竖向分缝线 20mm。

（4）消防栓钢门正面应安装按钮式或门环，并安贴项目标识。

（5）安装消防栓钢门轴时可内抹少量机油。

4.2.4　石材包柱

（1）石材圆柱圆弧板的加工分等弧切割法和等厚切割两种，等弧切割法比等厚切割法节省材料和加工费，故为一般工程普遍采用。花岗石圆弧板壁厚最小值应不小于 25mm。

（2）设计应提出石材圆弧板的加工质量要求和标准。

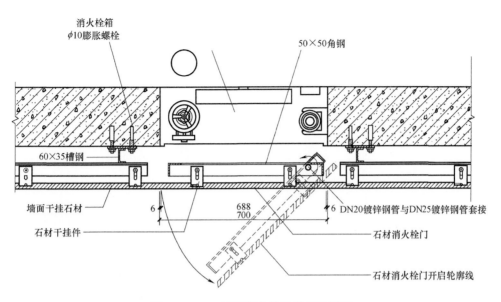

消火栓箱
φ10膨胀螺栓

50×50角钢

60×35槽钢

墙面干挂石材

石材干挂件

6 DN20镀锌钢管与DN25镀锌钢管套接

石材消火栓门

石材消火栓门开启轮廓线

6

688
700

6

图 6.4.2-32　石材消火栓门横剖示例图

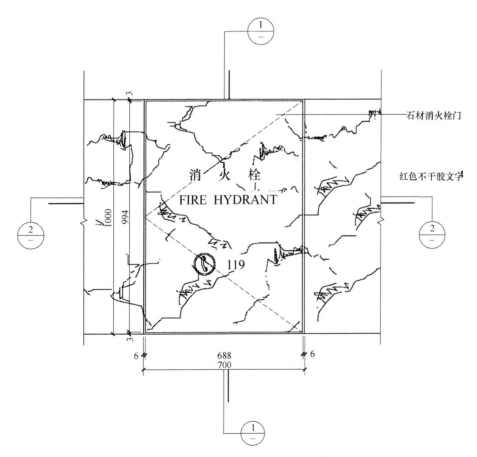

石材消火栓门

红色不干胶文字

消　火　栓
FIRE HYDRANT

119

3

1000

994

3

6

688
700

6

图 6.4.2-33　石材消火栓门正立面示例图

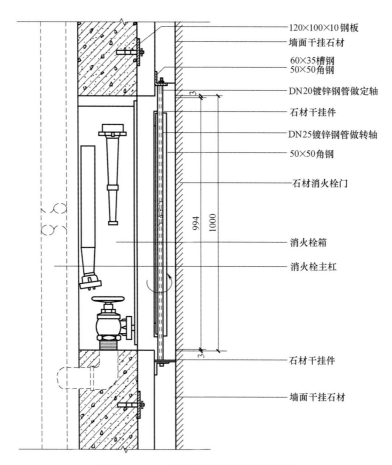

图 6.4.2-34　石材消火栓门剖面示例图

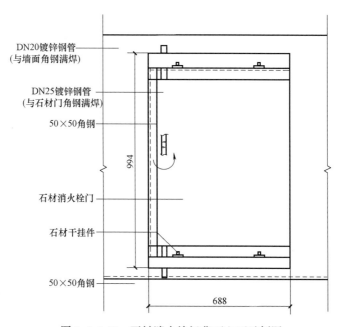

图 6.4.2-35　石材消火栓门背面立面示例图

图 6.4.2-36 石材消火栓门钢架正立面示例图

图 6.4.2-37 石材消火栓门钢架侧面示例图

图 6.4.2-38 石材消火栓门正立面示例图

图 6.4.2-39 石材消火栓门背面封包示例图

（3）石材圆弧板的分块数量和尺寸应根据加工厂加工设备能力和设计选用石材荒料的尺寸确定。还应考虑单块石材的重量，要方便施工安装和搬运。一般直径 $D \leqslant 1200\text{mm}$ 时，可分成 4 块；$1200 < D \leqslant 1800\text{mm}$ 时，可分成 6 块；$D > 1800\text{mm}$ 时，可分 8 块。

（4）圆弧板的安装宜采用干挂法安装。金属干挂件厚度不应小于 5mm，并宜采用交叉式、"T" 形金属干挂件。

（5）在圆弧板上设计有凹槽或雕花时，圆弧板壁厚最小值应相应加大，且金属干挂件位置不宜布置在凹槽部位。

（6）如圆弧板为烧毛板时，最小壁厚比光面板厚 3mm。对有纹路的石材，设计应提出加工圆弧板的纹路方向。

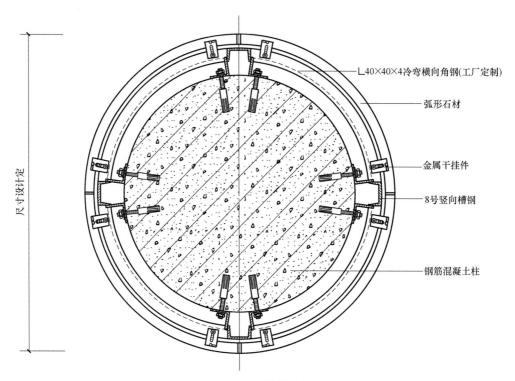

图 6.4.2-40　圆柱横剖节点示例图

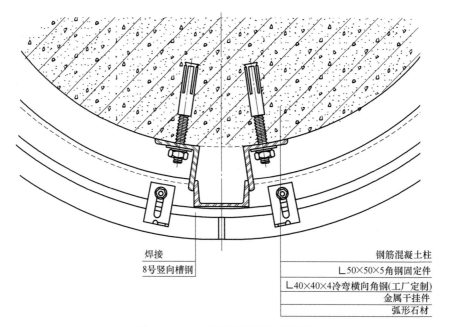

图 6.4.2-41　圆柱横剖节点示例图

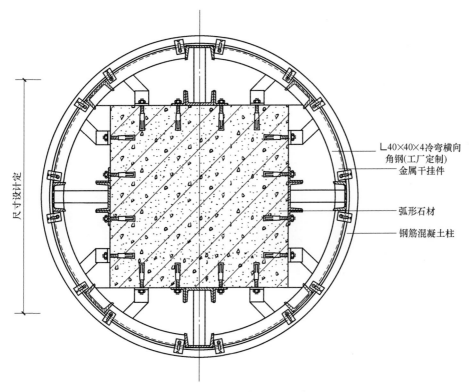

图 6.4.2-42　圆柱横剖节点示例图

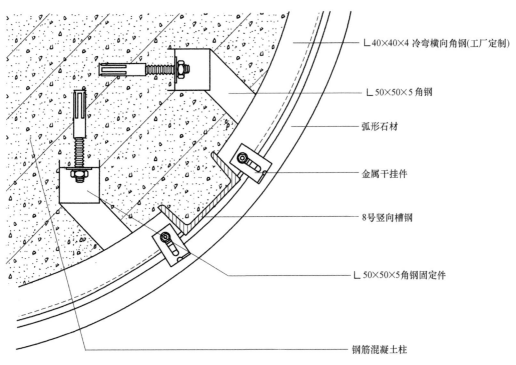

图 6.4.2-43　圆柱横剖节点示例图

图 6.4.2-44　石材圆柱示例图

图 6.4.2-45　石材圆柱示例图

图 6.4.2-46　石材圆柱示例图

图 6.4.2-47　石材圆柱示例图

图 6.4.2-48　石材圆柱示例图

图 6.4.2-49　石材圆柱示例图

4.2.5 石材嵌缝节点

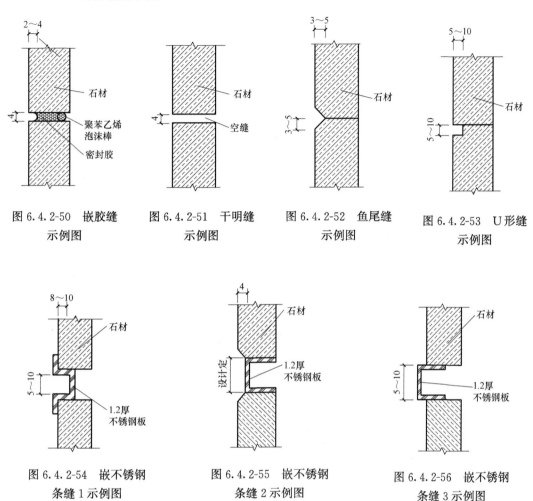

图 6.4.2-50 嵌胶缝
示例图

图 6.4.2-51 干明缝
示例图

图 6.4.2-52 鱼尾缝
示例图

图 6.4.2-53 U形缝
示例图

图 6.4.2-54 嵌不锈钢
条缝1示例图

图 6.4.2-55 嵌不锈钢
条缝2示例图

图 6.4.2-56 嵌不锈钢
条缝3示例图

4.2.6 石材阳角收头样式

石板转角易蹦边、破损，阳角收口是处理的重点。图 6.4.2-57～6.4.2-64 为各种收头造型，适用于各种施工工艺，外露部分需与面层做同样的处理。

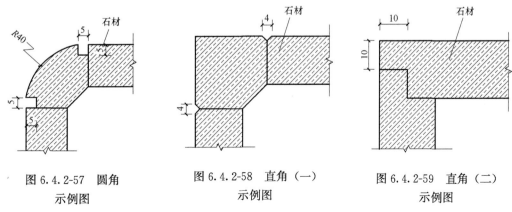

图 6.4.2-57 圆角
示例图

图 6.4.2-58 直角（一）
示例图

图 6.4.2-59 直角（二）
示例图

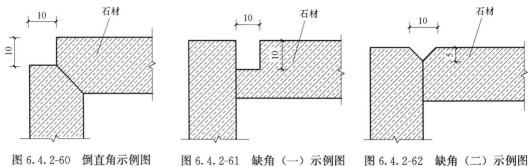

图 6.4.2-60　倒直角示例图　　图 6.4.2-61　缺角（一）示例图　　图 6.4.2-62　缺角（二）示例图

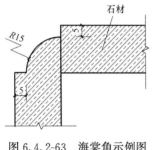

图 6.4.2-63　海棠角示例图

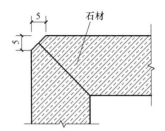

图 6.4.2-64　切角示例图

4.3　饰面砖

4.3.1　粘贴陶瓷墙砖

（1）施工流程：清洁墙体基底→刷界面剂→聚合物砂浆（根据陶瓷墙面砖吸水率选择胶粘剂）→贴陶瓷墙砖（嵌缝剂填缝、修正清理）。

（2）施工前，应对进场的陶瓷墙砖全部开箱检查，不同色泽的砖要分别码放，按操作工艺要求分层、分段、分部位使用材料。

（3）陶瓷墙砖应对质量、型号、规格、色泽进行挑选，应平整、边缘棱角整齐，不得缺损，表面不得有变色、起碱、污点、砂浆流痕和显著光泽受损处。

（4）按设计要求采用横平竖直通缝式粘贴或错缝粘贴。质量检查时，要检查缝宽、缝直等内容。

（5）凸出物、线管穿过的部位应用整砖套割吻合，突出墙面边缘的厚度应一致。如有水池、镜框等部位施工，应从中心开始，向两边分贴。

（6）陶瓷墙砖的粘贴：选择配套的粘贴剂是能否粘牢的关键，选择胶粘剂的依据是看瓷砖的吸水率，吸水率 $E \geqslant 5\%$ 时，可选用水泥基胶粘剂；吸水率 $0.2\% < E < 5\%$ 时，可选用膏状乳液胶粘剂；吸水率 $E \leqslant 0.2\%$（如玻化砖）时，可选用反应型树脂胶粘剂；还有其他专用胶粘剂根据产品而选择，与厂家配合做墙面拉伸试验，而胶粘剂不必饱满无空鼓，只要粘贴牢固即可。

【备注：施工中如发现有粘贴不密实的陶瓷墙砖，必须及时添加胶粘剂重贴，以免产生空鼓。】

（7）施工顺序：先墙面，后地面；墙面由下往上分层粘贴，先粘墙面砖，后粘阴角及阳角，最后粘顶角。但在分层粘贴程序上，应用分层回旋式粘贴法，即每层墙面砖按上述施工程序重复安装。

【备注：这种粘贴能使阴阳角紧密牢固，比墙面砖全部贴完以后再贴阴阳角要优越得多，有的粘贴可以不用配件砖。】

图 6.4.3-1　陶瓷墙砖粘贴示例图 1

图 6.4.3-2　陶瓷墙砖粘贴示例图 2

图 6.4.3-3　陶瓷墙砖粘贴示例图 3

图 6.4.3-4　陶瓷墙砖粘贴示例图 4

（8）陶瓷墙砖接缝用填缝剂应符合建筑行业标准《陶瓷墙地砖填缝剂》JC/T 1004—2006 中的要求。

4.3.2　干挂陶瓷墙砖

（1）施工流程：初排弹线分格→确定竖向龙骨位置→安装角钢固定件→安装竖向、横向龙骨→安装金属连接件→陶瓷墙砖开槽→安装陶瓷墙砖→紧固找平。

（2）若实际尺寸与设计图纸有出入而出现不整版现象，要把不完整的陶瓷墙砖调整到墙面的角处，并做到窗两边对称。

（3）确定竖向龙骨位置：初排经调整保证窗间墙排板一致后，用红外线水平仪确定竖向龙骨位置。

（4）安装角钢固定件：按竖向龙骨位置确定角钢固定件位置，用膨胀螺栓在墙面上固定角钢定件，角钢固定件应提前打好孔。

（5）安装竖向、横向龙骨：龙骨的大小根据设计图纸定，竖向龙骨间距宜与陶瓷墙砖墙面竖向分缝位置相对应。横向龙骨间距不大于 1200mm，安装前应打好孔，用于安装陶瓷墙砖的金属连接件。

（6）安装金属连接件：金属连接件一端与横向龙骨用螺栓连接，另一端有上下垂直分开的承接板，先不紧固螺栓，待陶瓷墙砖固定好，检查平整度后再拧。

（7）陶瓷墙砖开槽：开槽的工人必须是经过专业培训、熟练的操作工人。开槽后固定挂件。

图 6.4.3-5　安装金属连接件示例图 1　　　　图 6.4.3-6　安装金属连接件示例图 2

（8）安装陶瓷墙砖：先在孔内涂满胶粘剂，然后安装配套背栓和连接件，由于孔内涂满胶粘剂，所以与配套背栓很快固结。安装陶瓷墙砖时应自下而上安装，与配套背栓固定的挂件对准已初步安装好的金属连接件。

（9）紧固找平：经过检查竖直缝、水平缝、板的平整度、垂直度合格后，拧紧螺栓，陶瓷墙砖位置应逐一固定。

图 6.4.3-7　干挂陶瓷墙砖示例图 1　　　　图 6.4.3-8　干挂陶瓷墙砖示例图 2

4.4　木质饰面板

4.4.1　木饰面板

（1）工艺流程：木饰面的分块原则→基层处理→弹线→粘钉木挂板→挂板面层修整

（2）尽量按照标准板件尺寸来分割；一个墙面或空间，尽量减少分块模数尺寸，宜采用调节板的方式来调节余量尺寸；如果有顶角线和踢脚线，尽量考虑和中间的木饰面分开做，即方便运输和安装。

【备注：板材的常规尺寸（1 英尺＝304.8mm），4×8：1220mm×2440mm、6×8：

186

1830mm×2440mm、6×9：1830mm×2740mm、6×10：1830mm×3050mm。了解常规的板材尺寸对合理分缝，提高板材的利用率有好处。】

（3）基层处理：把基层杂物清理干净。弹线：在基层板弹好线，确保挂板龙骨间距符合设计要求，也为更好的保证铺钉挂板工程中使其水平。

（4）粘钉木挂板：安装木挂板从整个墙面整体出发，确定好挂板的位置。挂板的起始底边要做 10mm×20mm 的限制条及半块无缝的挂板做起始条板，同时在安装第一条挂板时从木线条边缘为基准点开始铺钉。先量一下墙面预留空间是否满足挂板安装，再对墙面线盒进行开孔，挂板进行试装合适后，在挂板背面四周、中间用快干大板玻璃胶进行打点，发泡胶固定。挂板安装后先检查墙面铺钉平整度，确定平整后用木龙骨打斜支撑，四周进行加固处理防止中间拱腹、弯曲、翘角。阳角处安装一定要方正。至少 24 小时后进行拆除加固龙骨。

（5）挂板面层修整：对挂板面层四周溢出胶、灰尘清理，安装过程中磕破、阳角开裂进行油漆修色处理等。

图 6.4.4-1　木饰面板示例图

图 6.4.4-2　木饰面板示例图

图 6.4.4-3　木饰面板示例图

图 6.4.4-4　木饰面板示例图

（6）木饰面常规安装法

木饰面挂件常规做法有斜角形和契字形两种。斜角形工厂好加工，但现场安装没有契字形方便，契字形工厂加工略烦一点。

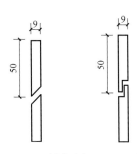

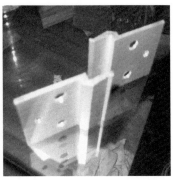

图 6.4.4-5　斜角　图 6.4.4-6　"L"　　图 6.4.4-7　金属挂件示例图　　图 6.4.4-8　金属挂件示例图
形示例图　　字形示例图

（7）工艺槽

1）工艺缝十字交叉处理：

U 形工艺缝：注意工艺缝槽内油漆及连贯跟通；木挂件材质必须为优质多层板或实木；潮湿环境木饰面材质必须为优质多层板。V 形工艺缝：注意工艺缝的连贯跟通；多用于混水漆饰面留缝；潮湿环境木饰面材质必须为优质多层板。

【备注：如果 $H>2440mm$，重要区域设计师强调有整块的效果，就必须考虑用大板或拼接办法达到效果，不是见到 $H>2440mm$ 就一定要分工艺缝。】

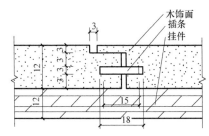

图 6.4.4-9　3mm×3mm U 形工艺缝示例图

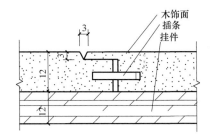

图 6.4.4-10　3mm×3mm V 形工艺缝示例图

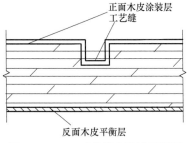

图 6.4.4-11　工艺槽内油漆示例图

2）工艺槽内油漆要求

正面宽度≥5mm 时，工艺槽内须贴皮并做油漆（质量同大面木饰面），宽度<5mm 时，做与大面同色的混水漆；侧面深度≥5mm 时，工艺槽内须贴皮并做油漆（质量同大面木饰面），深度<5mm 时，做与大面同色的混水漆。

3）木饰面嵌不锈钢条、铝条的工艺结构

木饰面内嵌不锈钢条/铝条工艺必须在工厂制作完成，避免在现场开槽破坏完成面；不锈钢条的宽度尺寸尽可能在 8mm 以上，尺寸过小无法完成不锈钢折边。

4）现场深化时工艺缝分割的要点及安装注意事项：

工艺缝分割尽可能保证墙面饰面均分；（设计无特殊墙面饰面分割要求时）涉及墙面有消防栓或管道井暗门时，立面工艺缝分割确保与门缝跟通；制作、安装时横向工艺缝拼接须避开视角线；安装时，工艺缝处背面必须有独立木挂件与基层连接，防止板件拼接端头变形翘曲；深化时立面图纸须标明木饰面的排版序号，确保现场安装时木饰面对纹对影，避免存在色差。

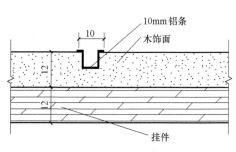

图 6.4.4-12　嵌不锈钢条工艺示例图

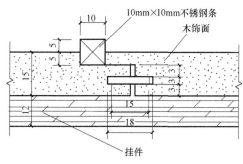

图 6.4.4-13　嵌铝条工艺示例图

【备注：基层挂件用长 30mm 以上的直枪钉或木螺丝固定在基层上，挂件与基层接触面涂刷适量白乳胶以增加牢固度。饰面挂件用长度为挂件厚度＋木饰面厚度×2/3 的直枪钉，根据档位精确地固定在木饰面的反面，挂件与木饰面反面的接触面涂刷适量白乳胶以增加牢固度。】

图 6.4.4-14　工艺缝与门缝跟通示例图

图 6.4.4-15　工艺缝与门缝跟通示例图

（8）木饰面工艺缝

结构的做法见图 6.4.4-16。

图 6.4.4-16　木饰面结构的做法示例图

（9）工艺缝十字交叉处理

图 6.4.4-17　工艺缝十字交叉处理示例图

图 6.4.4-18　工艺缝十字交叉处理示例图

（10）插条工艺缝处理

木饰面同时有横向和竖向工艺缝时禁止使用此工艺做法；木饰面标高超过 2440mm 时不允许使用此工艺做法；木饰面只有单一向（横向或竖向）工艺缝时，允许使用此插条结构；此工艺适合北方及干燥地区工艺缝做法；横向工艺缝阳角处，插条须 45°拼接安装；插条必须贴皮油漆（选皮、贴皮及油漆须与大面同步，避免油漆色差）。

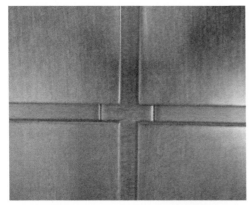

图 6.4.4-19　插条工艺缝示例图

图 6.4.4-20　插条工艺缝示例图

图 6.4.4-21　插条工艺缝示例图

图 6.4.4-22　插条工艺缝示例图

（11）阳角处理

阳角一侧留工艺缝,阳角采用海棠角、45°碰角;阳角一侧板幅宽度不超过600mm;阳角受力点处三角撑加固或L形角铁加固;留工艺缝一侧尽量避开人的视线。

【备注:针对设计要求的 5mm×3mm、3mm×3mm 工艺缝而言:木饰面厚度一般为12~15mm,木挂件厚度为12~15mm,故完成面的总厚度为25~30mm,此处以(15mm木饰面+15mm木挂件)30mm 完成面为例。】

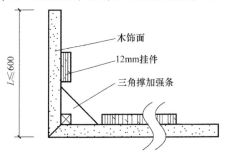

图 6.4.4-23 阳角三角撑加固示例图

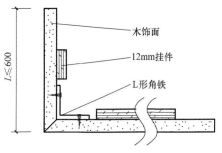

图 6.4.4-24 阳角L形角铁加固示例图

阳海棠角处须贴皮油漆;安装止口须在工厂加工好。阳角一侧留工艺缝尺寸分割视现场具体情况而定,尽可能与现场同区域造型收口及阴阳角收口尺寸统一。

【备注:为避免阳角在施工过程中碰坏、开裂、钉眼固定,影响整体设计效果,在设计时是否可考虑将阳角设计成 3mm×3mm 或 5mm×5mm 的海棠角,或阳角包金属条,甚至是设计一小块整装阳角。】

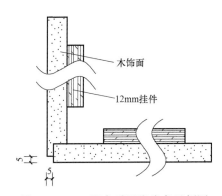

图 6.4.4-25 阳角采用海棠角示例图

图 6.4.4-26 阳角采用海棠角示例图

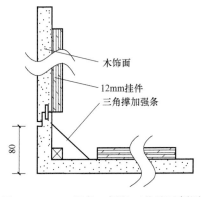

图 6.4.4-27 阳角一侧留工艺缝示例图

图 6.4.4-28 阳角一侧留工艺缝示例图

图 6.4.4-29　阳角采用海棠角示例图　　　　图 6.4.4-30　阳角采用海棠角示例图

图 6.4.4-31　阳角一侧留工艺缝示例图　　　图 6.4.4-32　阳角一侧留工艺缝示例图

（12）阴角处理

阴角留工艺缝、交叉拼接：工艺缝内需要贴皮油漆，阴角处防止工艺缝深度同大面工艺缝深度，安装时阴角处需加与同厚的基层条加固（防止变形翘曲）。

【备注：阴角木饰面的下单要点：控制木饰面的完成面尺寸，木饰面的下单尺寸可适当放长，作为安装调节板。】

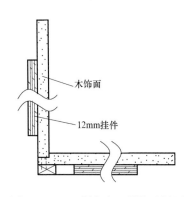

图 6.4.4-33　阴角交叉拼接示例图　　　　图 6.4.4-34　阴角留工艺缝示例图

阴角木饰面收缩缝改进措施

【备注：阴角木饰面工艺缝空洞及干燥收缩缝问题；阴角交叉木饰面的接缝避开人的正常视线范围。同阳角一样，可设计一小块整装阴角。】

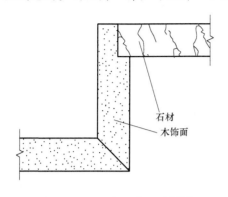

图 6.4.4-35　交叉收口示例图

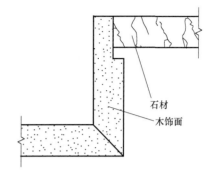

图 6.4.4-36　留缝收口示例图

（13）木饰面收口处理

顶面天花留槽收口方法对现场施工精确度要求高，前期策划、放线时须考虑周全，涉及墙面有造型或线条时，顶面凹槽须相应拐角。木饰面上口装调节条收口能有效解决木饰面与天花收口问题，且调节板能解决顶面吊顶尺寸误差

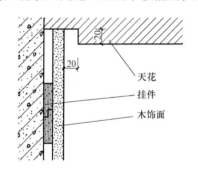

图 6.4.4-37　顶面天花
留槽收口示例图

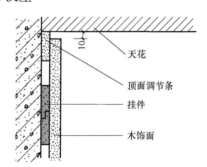

图 6.4.4-38　木饰面上口
装调节条收口示例图

（14）不同材质尽量不在同一平面或留凹槽

图 6.4.4-39　不同材质收口示例图

图 6.4.4-40　不同材质收口示例图

图 6.4.4-41　不同材质收口示例图　　　　图 6.4.4-42　不同材质收口示例图

（15）圆柱木饰面的深化、安装注意事项：

① 挂式安装圆柱木饰面须按木饰面板幅的大小进行分割；②对于抢工项目可考虑现场制作基层、贴皮、做油漆或工厂加工 3mm 成品薄板木饰面，到现场粘贴安装（避免因模板测量错误，导致木饰面安装不上，返工，而影响项目整体施工进度）；③基层安装法：工厂制作圆柱或弧面木饰面时，可在车间将基层固定于木饰面上（施工现场不做基层，只放完成面线），安装时直接将木基层与柱体固定（或借助角铁与基层固定）。

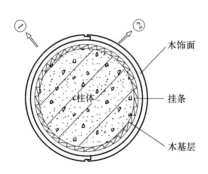

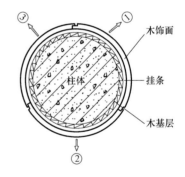

图 6.4.4-43　二等分圆柱　　　　　　图 6.4.4-44　三等分圆柱
（φ≤400mm）示例图　　　　　　（400＜φ≤600mm）示例图

4.4.2　木质墙裙（护墙板）

（1）工艺流程：弹线分格→埋木楔→安装龙骨→安装饰面板→收口及板缝处理。

（2）弹线分格、设置预埋块：

根据施工图上的尺寸，先按基准标高在墙上画水平线，弹出分档线。依线在墙上钻孔打入木楔或在砌墙时预先埋入木砖。木砖（或木楔）的位置应符合龙骨分档尺寸。木砖的间距横、竖向一般均不大于 400mm，如预埋木砖位置不适用时，须予以补设。如在墙内打入木楔，可采用 16～20mm 的冲击钻头在墙面钻孔，钻孔的位置应在弹线的交叉点上，钻孔深度应不小于 60mm。

【备注：对于埋入墙体的木砖或木楔，应事先做防腐处理，特别是在潮湿地区或墙面易受潮部位。其做法是以桐油浸渍，也可采用氟化钠溶液、硼铬合剂和硼酚合剂等新型防腐剂。处理方法可用常温浸渍、热冷槽浸渍或加压浸渍等。】

（3）安装龙骨

根据木墙面或木墙裙高度及房间大小，可先做成龙骨架，整片或分片安装，也可直接安装龙骨。在整个墙体或龙骨与墙体之间应铺一层油毡或刷防水涂料以防潮。

（4）木条龙骨，多为 25mm×30mm 带凹槽（利于纵横咬口扣接）木方，拼装为框体的规格通常是 300mm×400mm 或 400mm×400mm（框架中心线间距）。对于面积不太大的木墙面或木墙裙骨架，可以先在地面进行全拼装后再将其钉上墙面；对于大面积的墙面龙骨架，一般是在地面上先做分片拼装，而后再联片组装固定于墙面。安装时，应吊垂线或用水准尺找好垂直度，拉线检查木龙骨架的平整度，达到要求后用圆钉钉固在木楔上。钉固时应配合校正，下凹处加垫木块。对于采用现场进行龙骨加工的传统做法，其龙骨排布，一般横龙骨间距为 400mm，竖龙骨间距为 500mm。如面板厚度在 10mm 以上时，其横龙骨间距可放大到 450mm。直接在墙面安装龙骨时，应根据房间四角方正情况及墙面垂直度，找平、找直，并固定上下龙骨，作为木标筋，然后按面板分块尺寸，由上到下，在空档内根据设计要求钉横竖龙骨。龙骨必须与每一块木砖（或木楔）钉牢，在每块木砖上钉两枚钉子，要上下斜角错开钉紧。为调整龙骨表面偏差所用的木垫块，必须与龙骨钉牢。

（5）安装面板

木板材护墙板的做法有打槽、拼缝和拼槽三种，根据设计应先做出样板（实样），预制好之后再上墙安装。带企口的护墙板，则应根据要求进行拼接嵌装，其龙骨形式及排布也需视设计要求做相应处理。有些新型的木质企口板材，可进行企口嵌装，依靠异型板卡或带槽口压条进行连接，以减少面板上的钉固工艺，保持饰面的完整和美观。对胶合板护墙板应进行挑选，分出不同色泽，剔除残次品。再根据设计要求和现场情况，进行整板铺钉或按造型尺寸进行锯裁。对要求板间留出 V 形接缝者，宜在胶合板正面四边刨出 45°角，倒角宽 3mm 左右；对于要求涂饰后显露木纹的，应保证其木纹的对接美观协调。在一般的面板铺钉作业时，也应注意对其色泽的选择。颜色较浅的木板，可安装在光线较暗部位的墙面上；颜色较深的木板，则可铺钉于受光较强的墙面上；或者由浅到深逐渐过渡安排，从而使整个房间护墙板的色泽不出现较大差异。木板的拼接花纹应选用一致，切片板的树心也应一致，面板的色泽以相同或相近为好。

【备注：胶合板与木龙骨钉固，一般使用气钉枪。要求布钉均匀，钉距 50～100mm。对于 5mm 以下厚度的胶合板，可使用 20mm 排钉；5mm 以上厚度的胶合板，应采用 25～30mm 排钉固定。若用圆钉，则应将钉帽砸扁，顺木纹打入板面内 0.5～1.0mm，最后用油性腻子嵌平钉孔。】

（6）收口及板缝处理

护墙板收口或压缝木线条的品种、规格及接缝形式，应按设计要求。安装压条时，接头处应做暗榫，钉子要钉透。压条所用板材应是通长的整料，不得拼接。钉帽要砸扁，并避免将木板条钉裂；在敲击钉子时不得使木板面受到损伤。所有压条线的端部交接处，线条规格应一致，割角须严密。

图 6.4.4-45　木质墙裙示例图

图 6.4.4-46　木质墙裙示例图

图 6.4.4-47　木质墙裙示例图

图 6.4.4-48　木质墙裙示例图

4.5　搪瓷钢板

（1）施工流程：校对、调整施工图→测量放线→角钢固定件安装→龙骨、挂钩安装→搪瓷钢板安装→清洁→验收。

（2）校对、调整施工图：根据测量放线结果校对、调整墙面分格图、并相应调整角钢固定件、龙骨位置。墙面分格结果大于规定的允许偏差时应征得设计人员的同意，适当调整装饰面分格，使其符合设计要求。必要时，需重新测量放线。分格图调整确定后，应及时细化板材加工图，并通知板材加工厂及时定制加工。

（3）测量放线：根据墙面分格大样图和现场基准标高、进出线位、基准轴线等，在需要装饰的墙面上定出装饰完成面、板块分格及转角等基准线，并测量开孔、留洞位置。

（4）角钢固定件安装：角钢固定件可根据设计固定方式，采用焊接或锚栓固定。采用焊接时，应及时对焊接位置进行防锈处理。

（5）龙骨、挂钩安装：当设计结构是挂钩固定在龙骨上的，可在龙骨安装前将挂钩按标准固定在龙骨上，与龙骨整体安装、调整。安装板材时，则需要再对挂钩进行微调。

（6）搪瓷板材的安装：搪瓷板材进场后应严格按规范要求检验并按产品编号分类摆放。并确定每块板的尺寸及编号。搪瓷钢板的安装顺序宜由下向上进行，避免交叉作业。同一墙面的搪瓷钢板色彩应一致。

【备注：搪瓷板材禁止在现场开槽或钻孔，一切洞口均现场实测后、在搪瓷钢板出厂前预留，加工成半成品现场组合。】

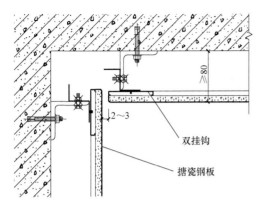

图 6.4.5-1 搪瓷钢板墙面阴角收口示例图

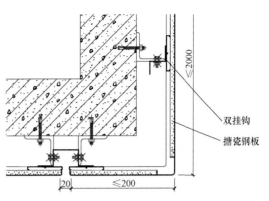

图 6.4.5-2 搪瓷钢板墙面阳角收口示例图

图 6.4.5-3 搪瓷钢板示例图

图 6.4.5-4 搪瓷钢板示例图

图 6.4.5-5 搪瓷钢板示例图

图 6.4.5-6 搪瓷钢板示例图

4.6 装饰玻璃

4.6.1 干粘玻璃

（1）施工流程：墙面定位弹线→钻孔安装角钢固定件→固定竖向龙骨→固定横向龙骨→安装基层版→粘贴玻璃。

（2）墙面定位弹线：按设计要求在墙面弹线，弹线清楚、位置准确；充分考虑墙面不同材料间关系和留孔位置合理定位。

（3）钻孔安装角钢固定件：角钢固定件上开有长圆孔，以便施工时调节位置和允许使用情况下的热胀冷缩；在混凝土或砌块墙上钻孔，用膨胀螺栓固定角钢固定件。当需要在钢结构柱或梁上固定时，不能直接将角钢固定件与钢结构相连，以免破坏原钢结构防火保护层。应在需要位置另行焊接转接件再与角钢固定件连接，并应恢复焊接位置的防火保护层。

（4）固定竖向龙骨：角钢固定件和竖向钢龙骨采用焊接方式，两个角钢固定件的间距不大于1200mm；保证竖向龙骨垂直及装饰完成面平整。

（5）固定横向龙骨：横向钢龙骨与竖向钢龙骨焊接，间距不大于1200mm，横向钢龙骨面与竖向钢龙骨平齐。

（6）安装基层版：在钢龙骨上铺12厚阻燃板，铺装完成后，按玻璃安装位置弹线，在玻璃底边位置安装L形金属条，以防玻璃下滑。

（7）粘贴玻璃：在基层版表面贴双面泡棉胶加玻璃胶，把釉面玻璃按弹线位置粘贴到基层板上，用手抹压玻璃，使其与基面粘合紧密。安装完毕，应清洁玻璃面，必要时在玻璃面覆加保护层，以防损坏。

【备注：干粘玻璃墙面做法仅适用于釉面钢化玻璃厚度不大于6mm，单块面积不大于 $1.0m^2$ 的墙面，玻璃墙面不能用于消防通道。】

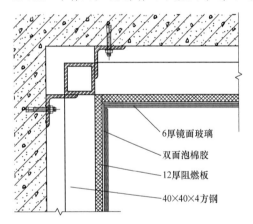

图 6.4.6-1　干粘玻璃阴角收口示例图

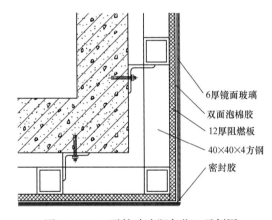

图 6.4.6-2　干粘玻璃阳角收口示例图

4.6.2　镜面工程的施工做法

（1）镜面材料施工时基层处理要求：

将金属龙骨固定于墙上（实体墙或轻型墙体）上，金属龙骨的间距根据衬板规格和厚度而定。安装小块镜面多为单向，安装大块镜面可以双向，横竖金属龙骨要求横平竖直，以便于衬板的镜面的固定。钉好后要用长靠尺检查平整度。

【备注：混凝土墙体采用膨胀螺栓固定龙骨，轻质隔墙采用自攻螺丝固定龙骨。】

（2）采用木夹板作衬板时，用扁头圆钢钉与金属龙骨钉接，钉头要埋入板内。衬板要求表面无翘曲、起皮现象，表面平整、清洁，板与板之间缝隙应在竖向金属龙骨处。

（3）各种材质的镜面板在施工前应贴保护膜，以防划伤镜面，镜面安装不宜现场在镜面板上打孔拧螺栓，以免引起镜面变形。

【备注：镜面材质的选用由设计确定，镜面高度一般为 2000mm，最高为 2500mm，超高时设计应考虑分块拼接。】

图 6.4.6-3 装饰玻璃示例图

图 6.4.6-4 装饰玻璃示例图

5 饰面板工程的质量验收标准

5.1 一般规定

5.1.1 各分项工程的检验批应按下列规定划分：相同材料、工艺和施工条件的室内饰面板（砖）工程每 50 间（大面积房间和走廊按施工面积 30m² 为一间）应划分为一个检验批，不足 50 间也应划分为一个检验批。

5.1.2 检查数量应符合下列规定：室内每个检验批应至少抽查 10%，并不得少于 3 间；不足 3 间时应全数检查。

5.1.3 饰面板（砖）工程的抗震缝、伸缩缝、沉降缝等部位的处理应保证缝的使用功能和饰面的完整性。

5.1.4 饰面板（砖）工程应对下列隐蔽工程项目进行验收：

（1）预埋件（或后置埋件）。

（2）连接节点。

（3）防水层。

5.1.5 饰面板（砖）工程验收时应检查下列文件和记录：

（1）饰面板（砖）工程的施工图、设计说明及其他设计文件。

（2）材料的产品合格证书、性能检测报告、进场验收记录和复验报告。

（3）后置埋件的现场拉拔检测报告。

（4）外墙饰面砖样板件的粘结强度检测报告。

（5）隐蔽工程验收记录。

（6）施工记录。

5.2 石材工程质量检查标准

（1）石材工程所用材料的品种、规格、性能等级，应符合设计要求及国家现行产品标准和工程技术规范的规定。石材的弯曲强度不应小于 8.0MPa；吸水率应小于 0.8%。石材的铝合金挂件厚度不应小于 4.0mm，不锈钢挂件厚度不应小于 3.0mm。

（2）石材孔、槽的数量、深度、位置、尺寸、造型、立面分格、颜色、光泽、花纹、图案、石材表面和板缝的处理应符合设计要求。

（3）干挂石材墙面主体结构上的预埋件和后置埋件的位置、数量及后置预埋件的拉拔力必须符合设计要求。

（4）石板上用于安装的钻孔或开槽是石板受力的主要部位，加工时容易出现位置不正、数量不足、深度不够或孔槽壁太薄等质量问题，应对石板上孔或槽的位置、数量、深度以及孔或槽的壁厚进行进场验收；如果是现场开孔或开槽，监理单位和施工单位应对其进行抽检，并做好施工记录。

（5）石材主体结构上的预埋件和后置埋件的位置、数量及后置埋件的拉拔力必须符合设计要求。

（6）石材的金属框架立柱与主体结构预埋件的连接、立柱与横梁的连接、连接件与金属框架的连接、连接件与石材面板的连接必须符合设计要求，安装必须牢固。金属框架及连接件和防腐处理应符合设计要求。

（7）石材的防火、保温、防潮材料的设置应符合设计要求，填充应密实、均匀、厚度一致。

（8）各种结构变形缝、墙角的连接节点应符合设计要求和技术标准的规定。

（9）石材的板缝注胶应饱满、密实、连续、均匀、无气泡，板缝宽度和厚度应符合设计要求和技术标准的规定。

（10）石材表面应平整、洁净，无污染、缺损和裂痕。颜色和花纹应协调一致，无明显色差，无明显修痕。

（11）每平方米石材的表面质量和验收方法见表 6.5.2-1。

每平方米石材的表面质量和验收方法 表 6.5.2-1

项次	项目	质量要求	检验方法
1	裂痕明显划伤和长度>100mm 的轻度划伤	不允许	观察
2	长度≤100mm 的轻度划伤	≤8 条	用钢尺检查
3	擦伤总面积	≤500m²	用钢尺检查

（12）石材墙面的允许偏差和检验方法符合表 6.5.2-2 的规定。

石材墙面的允许偏差和检验方法 表 6.5.2-2

项次	项　目	允许偏差（mm） 光面	检验方法
1	立面垂直度	2	2m 垂直检测尺检查
2	表面平整度	2	2m 靠尺、塞尺检查
3	阴阳角方正	2	直角检测尺、塞尺检查
4	接缝直线度	2	拉 5m 线，不足 5m 拉通线，钢直尺检查
5	勒脚上口直线度	2	拉 5m 线，不足 5m 拉通线，钢直尺检查
6	接缝高低差	0.5	钢直尺、塞尺检查
7	接缝宽度差	1	钢直尺检查

5.3 饰面砖工程质量检查标准

（1）饰面砖的品种、规格、图案颜色和性能应符合设计要求。

（2）饰面砖粘贴工程的找平、防水、粘结和勾缝材料及施工方法应符合设计要求及国家现行产品标准和工程技术标准的规定。

（3）饰面砖粘贴必须牢固。

（4）满粘法施工的饰面砖工程应无空鼓、裂缝。

（5）饰面砖表面应平整、洁净、色泽一致，无裂痕和缺损。

（6）阴阳角处搭接方式、非整砖使用部位应符合设计要求。

（7）墙面突出物周围的饰面砖应整砖套割吻合，边缘应整齐。墙裙、贴脸突出墙面的厚度应一致。

（8）饰面砖接缝应平直、光滑，填嵌应连续、密实；宽度和深度应符合设计要求。

（9）有排水要求的部位滴水线（槽）应顺直，流水坡向应正确，坡度应符合设计要求。

（10）饰面砖粘贴的允许偏差和检验方法应符合表 6.5.3 的规定。

饰面砖粘贴的允许偏差和检验方法　　　　　表 6.5.3

项次	项　目	允许偏差（mm） 内墙面砖	检验方法
1	立面垂直度	2	用 2m 垂直检测尺检查
2	表面平整度	3	用 2m 垂直检测尺检查
3	阴阳角方正	3	用直角检测尺检查
4	接缝干线度	2	拉 5m 线,不足 5m 拉通线,用钢直尺检查
5	接缝高低差	0.5	用钢直尺和塞尺检查
6	接缝宽度	1	用钢直尺检查

5.4 木饰面板质量检查标准

（1）细木制品与基层或木砖镶钉必须牢固无松动。

（2）制作：尺寸正确，表面平直光滑，棱角方正，线条顺直，不露钉帽，无刨槎、印痕、毛刺和锤印。

（3）安装：位置正确，割角整齐，交圈、接缝严密，平直通顺，与墙面紧贴，出墙尺寸一致。

（4）木饰面安装的允许偏差和检验方法见表 6.5.4。

木饰面的允许偏差　　　　　表 6.5.4

项次	项　目	允许偏差（mm）	检验方法
1	上口直线度	2	拉 5m 线,不足 5m 拉通线
2	立面垂直度	1.5	全高吊线、钢尺检查
3	表面平整	1	用 1m 靠尺和塞尺检查
4	压缝条间距	2	钢尺检查

5.5 金属装饰板质量检查标准

（1）施工前应检查选用的金属装饰板及型材是否符合设计要求，规格是否齐全，表面有无划痕，有无弯曲现象。选用的材料最好一次进货，可保证规格型号统一、色彩一致。

（2）金属装饰板的角钢固定件、竖向龙骨应进行防腐、防锈处理。

（3）竖向龙骨间距与金属装饰板规格尺寸一致，减少现场切割。

（4）金属装饰板的边线膨胀系数，在施工中一定要留足排缝，墙脚处铝型材应与板块或水泥类抹面相交，不可直接插在垫层或基层中。

（5）施工后的墙面应做到表面平整、连接可靠、无翘起、卷边等现象。

（6）金属装饰板安装质量允许偏差，见表 6.5.5；安装质量应符合《建筑装饰装修工程质量验收规范》GB 50210 的规定，经检验合格后方可交工。

金属装饰板安装质量允许偏差　　　　　　　　　　表 6.5.5

项次	项　目	允许偏差（mm）	检查方法
1	墙面高度不大于 30m 时垂直度	≤10	激光经纬仪或经纬仪
2	竖向板材直线度	≤3	2m 靠尺、塞尺
3	横向板材水平度不大于 2m	≤2	水平仪
4	同高度相邻两根横向构件高度差	≤1	钢板尺、塞尺
5	墙面横向水平度不大于 3m 的层高	≤3	水平仪
	墙面横向水平度大于 3m 的层高	≤5	
6	分隔框对角线差对角线长不大于 2m	≤3	3m 钢卷尺
	对分隔框对角线差角线长大于 2m	≤3.5	

5.6 玻璃板饰面质量检查标准

（1）玻璃板饰面工程所用的材料、品格、规格、色彩、图案、花纹、朝向及安装方式等，必须符合设计要求及国家产品标准的规定。单块玻璃大于 1.5m² 及落地玻璃应使用安全玻璃。

（2）与主体结构连接的预埋件、连接件以及金属框架必须安装牢固，其数量、规格、位置、连接件和防腐处理应符合设计要求。

（3）玻璃表面应平整、洁净；整幅玻璃应色泽一致；不得有污染和镀膜损坏。

（4）镜面玻璃表面应平整、光洁无瑕，映入景物应清晰、保真、无变形。

（5）玻璃安装密封胶缝应横平竖直、深浅一致、宽窄均匀、光滑顺直、美观。

（6）固定玻璃钉或钢丝卡数量、规格应符合施工规范的规定和要求。

（7）压条镶钉应与裁口边沿紧贴齐平，割角整齐、连接紧密、不露钉帽。

（8）玻璃外框或压条应平整、顺直、无翘曲、线性挺秀、美观。

（9）玻璃板安装的允许偏差及检验方法应符合表 6.5.6 规定。

玻璃板安装的允许偏差及检验方法

表 6.5.6

项次	项　　目		允许偏差(mm)		检验方法
			明框玻璃	隐框玻璃	
1	立面垂直度		1	1	用2m垂直检测尺检查
2	表面平整度		1	1	用2m垂直检测尺检查
3	阴阳角方正		1	1	用直角检测尺检查
4	接缝直线度		2	2	拉5m线,不足5m拉通线,用钢直尺检查
5	接缝高低差		1	1	用钢直尺和塞尺检查
6	接缝宽度		—	1	用钢直尺检查
7	相邻板角错位		—	1	用钢直尺检查
8	分格框对角线长度差	对角线长度≤2m	2	—	用钢直尺检查
		对角线长度>2m	3	—	

第7章 裱糊工程

裱糊工程重在过程控制，确定控制的重点和难点，根据具体情况制定相应的措施：

（1）壁纸色差的控制，一是使用同一批次的壁纸，二是要进行挑选。

（2）裱糊工程基层处理质量符合规范要求。

（3）裱糊后各幅拼接质量符合规范要求。

（4）壁纸、墙布粘贴质量是控制要点。

施工过程控制从裱糊原材、试验、基层处理、粘贴壁纸等方面重点要求，确保裱糊工程质量达到工程总的质量目标。

1 裱糊工程施工主要相关规范标准

本条所列的是与裱糊工程施工相关的主要国家和行业标准，也是项目部须配置的，且在施工中经常查看的规范标准。但因裱糊工程无国标及行标施工工艺规程，故参考北京地方标准《建筑安装分项工程施工工艺规程》（第五分册）DBJ/T 01-26 和《建筑施工手册》（第五版）。《内装修墙面装修》13J502-1 为建筑施工类图集，可以指导施工人员了解壁纸、壁布的特点、分类、符号标志及意义、选用、施工及验收，确保裱糊施工时规范有序，满足规范规定和设计要求。

1.1 材料规范

（1）《建筑室内用腻子》JG/T 298

（2）《壁纸》QB/T 4034

（3）《聚氯乙烯壁纸》QB/T 3805

（4）《壁纸胶粘剂》JC/T 548

（5）《玻璃纤维壁布》JC/T 996

1.2 质量验收及施工规范

（1）《建筑装饰装修工程质量验收规范》GB 50210

（2）《住宅装饰装修工程施工规范》GB 50327

（3）《住宅室内装饰装修工程质量验收规范》JGJ/T 304

（4）《建筑安装分项工程施工工艺规程》（第五分册）DBJ/T 01-26

1.3 相关防火、环保规范

（1）《建筑内部装修设计防火规范》GB 50222

（2）《民用建筑工程室内环境污染控制规范》GB 50325

（3）《建筑内部装修防火施工及验收规范》GB 50354

（4）《室内装饰装修材料　内墙涂料中有害物质限量》GB 18582

（5）《室内装饰装修材料　胶粘剂中有害物质限量》GB 18583

（6）《室内装饰装修材料　壁纸中有害物质限量》GB 18585

1.4　相关图集

《内装修墙面装修》13J502-1

2　裱糊工程强制性条文

2.1　《室内装饰装修材料　壁纸中有害物质限量》GB 18585—2001 强制性条文

（第 4 章）壁纸中的有害物质限量值应符合表 7.2.1 规定。

壁纸中的有害物质限量值　　　　　　　　　　　　　　表 7.2.1

有害物质名称		限量值
重金属(或其他)元素	钡	≤1000
	镉	≤25
	铬	≤60
	铅	≤90
	砷	≤8
	汞	≤20
	硒	≤165
	锑	≤20
氯乙烯单体		≤1.0
甲醛		≤120

2.2　《室内装饰装修材料　胶粘剂中有害物质限量》GB 18583—2008 强制性条文

（1）（第 3.1 条）室内建筑装饰装修用胶粘剂分为溶剂型、水基型、本体型三大类。

（2）（第 3.2 条）溶剂型胶粘剂中有害物质限量值应符合表 7.2.2-1 的规定。

溶剂型胶粘剂中有害物质限量值　　　　　　　　表 7.2.2-1

项　目	指　标			
	氯丁橡胶胶粘剂	SBS 胶粘剂	聚氨酯类胶粘剂	其他胶粘剂
游离甲醛(g/kg)	≤0.50		—	—
苯(g/kg)	≤5.0			
甲苯+二甲苯(g/kg)	≤200	≤150	≤150	≤150
甲苯二异氰酸酯(g/kg)	—		≤10	—
二氯甲烷(g/kg)		≤50	—	≤50
1,2-二氯乙烷(g/kg)	总量≤5.0			
1,1,2-三氯乙烷(g/kg)		总量≤5.0		
三氯乙烯(g/kg)				

项 目	指 标			
	氯丁橡胶胶粘剂	SBS 胶粘剂	聚氨酯类胶粘剂	其他胶粘剂
总挥发性有机物(g/L)	≤700	≤650	≤700	≤700

注：如产品规定了稀释比例或产品有双组分或多组分组成时，应分别测定稀释剂和各组分中的含量，再按产品规定的配比计算混合后的总量。如稀释剂的使用量为某一范围时，应按照推荐的最大稀释量进行计算。

（3）（第3.3条）水基型胶粘剂中有害物质限量值应符合表7.2.2-2的规定。

水基型胶粘剂中有害物质限量值   表 7.2.2-2

项 目	指 标				
	缩甲醛类胶粘剂	聚乙酸乙烯酯胶粘剂	橡胶类胶粘剂	聚氨酯类胶粘剂	其他胶粘剂
游离甲醛(g/kg)	≤1.0	≤1.0	≤1.0	—	≤1.0
苯(g/kg)	≤0.20				
甲苯+二甲苯(g/kg)	≤10				
总挥发性有机物(g/L)	≤350	≤110	≤250	≤100	≤350

（4）（第3.4条）本体型胶粘剂中有害物质限量值应符合表7.2.2-3的规定。

本体型胶粘剂中有害物质限量值   表 7.2.2-3

项 目	指 标
总挥发性有机物(g/L)	≤100

2.3 《建筑内部装修设计防火规范》GB 50222—95（2001年局部修订）强制性条文

（第3.1.18条）当歌舞厅、卡拉OK厅（含具有卡拉OK功能的餐厅）、夜总会、录像厅、放映厅、桑拿浴（除洗浴部分外）、游艺厅（含电子游艺厅）、网吧等歌舞娱乐场所（以下简称歌舞娱乐放映游艺场所）设置在一、二级耐火等级建筑的四层及四层以上时，室内装修的顶棚材料应采用A级装修材料，其他部位应采用不低于B1级的装修材料；设置在地下一层时，室内装修的顶棚、墙面材料应采用A级装修材料，其他部位采用不低于B1级的装修材料。

3 裱糊工程材料的现场管理

3.1 裱糊材料进场及检验

3.1.1 壁纸、墙布的种类、规格、图案、颜色和燃烧性能等级必须符合设计要求和国家现行标准的有关规定。当设计无要求时应符合国家现行标准的规定。严禁使用国家明令淘汰的材料。

【备注：单位重量小于300g/m² 的纸质、布质壁纸，当直接粘贴在A级基材上时，可作为B1级装修材料使用。《建筑内部装修设计防火规范》GB 50222】

3.1.2 壁纸的燃烧性能应符合现行国家标准《建筑内部装修设计防火规范》GB

50222、《建筑设计防火规范》GB 50016 和《高层民用建筑设计防火规范》GB 50045 的规定。

3.1.3 壁纸、壁纸基膜和壁纸胶粘剂等材料进场时应对品种、规格、外观和尺寸进行验收。材料包装应完好，应有产品合格证书、中文说明书及相关性能的检测报告；进口产品应按规定进行商品检验。

3.1.4 壁纸进场后需要进行复验。同一厂家生产的同一品种、同一类型的进场材料应至少抽取一组样品进行复验，当合同另有约定时应按合同执行。

3.1.5 当国家规定或合同约定应对材料进行见证检测，或对材料的质量发生争议时，应进行见证检测。

3.1.6 承担建筑装饰装修材料检测的单位应具备相应的资质，并应建立质量管理体系。

3.1.7 建筑装饰装修工程所使用的材料在运输、储存和施工过程中，必须采取有效措施防止损坏、变质和污染环境。

3.1.8 裱糊材料进场检查验收（包括壁纸、壁纸基膜和壁纸胶粘剂），要由项目部专业工程师负责组织质检员、专业工长、试验员、材料员以及监理共同参加的联合检查验收，检查内容包括：产品的材质、品种、规格、型号、数量、外观质量、产品出厂合格证及其他应随产品交付的技术资料是否符合要求（并根据检测报告机构预留电话及时查验技术资料真伪），有无破损、皱折、斑污等现象。

3.2 裱糊材料管理

3.2.1 壁纸材料应按照不同材料的要求分别进行放置，并按照材料的规格、型号、等级、颜色进行分类贮存，并挂标识牌，注明产地、规格、品种、数量、检验状态（合格、不合格、待检）、检验日期等。

3.2.2 对于需要先复试后使用的产品，由项目试验员严格按照相关规定进行取样，送试验室复验，材料复试合格后方可使用。专业工程师对材料的抽样复试工作要进行检查监督。

3.2.3 在进行材料的检验工作完成后，相关的内业工作（产品合格证、试验报告等质量证明文件）要及时收集、整理、归档位。

3.2.4 裱糊材料进场应建立材料收发料制度，建立材料收发料台账。材料的检验工作完成并合格后，由项目部专业工程师负责填写裱糊材料发料单，并由库管员负责将材料发放给各施工作业队。

4 裱糊工程的施工要求

4.1 一般规定

4.1.1 常用壁纸、壁布的分类：
(1) 按材质分：塑料壁纸、织物壁纸、金属壁纸、装饰壁布等。
(2) 按功能分：除有装饰功能外，还有吸声、防火阻燃、保温、防霉、防菌、防潮、抗静电等壁纸、壁布。

(3) 按花色分：套色印花压纹、仿锦缎、仿木材、仿石材、仿金属、仿清水砖及静电植绒等品种。

(4) 按基材分：纸基壁纸和布基壁布。

(5) 按材质分：塑料壁纸、织物壁纸、金属壁纸、装饰壁布等。

常用壁纸、壁布的分类、特点、规格及用途（图7.4.1-1～图7.4.1-9）

表7.4.1-1

分类	特点	常用规格	用途
PVC塑料壁纸	以优质木浆纸或布为基材，PVC树脂为涂层，经复合、印花、压花、发泡等工序制成。具有花色品种多、耐磨、耐折、耐擦洗、可选性强等特点，是目前产量最大、应用最广的壁纸	宽：530mm，长：10m/卷	各种建筑物的内墙装饰
织物复合壁纸	将丝、棉、毛、麻等天然纤维复合于纸基上制成。具有色彩柔和、透气、调湿、吸声、无毒、无异味等特点，但价格偏高，不易清洗、美观、大方、典雅、豪华，但防污性差	宽：530mm，长：10m/卷	用于饭店、酒吧等高档场所内墙面装饰
金属壁纸	以纸为基材，在其上真空喷镀一层铝膜形成反射层，再进行各种花色饰面，效果华丽、不老化、耐擦洗、无毒、无味。虽喷镀金属膜，但不形成屏蔽，能反射部分红外线辐射	宽：530mm，长：10m/卷	高级宾馆、舞厅内墙、柱面装饰
复合纸质壁纸	将双层纸（表纸和底纸）施胶、层压复合在一起，再经印刷、压花、表面涂胶制成，具有质感好、透气、价格较便宜等	宽：530mm，长：10m/卷	各种建筑物的内墙面
锦缎壁纸	华丽美观、无毒、无味、透气性好	宽：720～900mm，长：20m/卷	高级宾馆、住宅内墙面
装饰壁纸	强度高、无毒、无味、透气性好	宽：820～840mm，长：50m/卷	招待所、会议室、餐厅等内墙面
无机质壁纸	面层为各种无机材料，如蛭石壁纸、珍珠岩壁纸、云母壁纸等，具有防火、保温、吸潮、吸声等	—	有防火要求的房间墙面装饰
石英纤维壁纸	面层是以天然石英砂为原料，加工制成柔软的纤维，然后织成粗网格状、人字状等壁布。这种壁布用胶粘在墙上后只做基底，再根据设计者的要求，刷涂各种色彩的乳胶漆，形成多种多样的色彩和纹理结合的装饰效果，并可根据需要多次喷涂，更新装饰风格。具有不怕水、不锈蚀、无毒、无味、对人体无害，使用寿命长等	宽：530mm，长：33.5m/卷或17m/卷	各种建筑物内墙装饰
壁毡(壁毯)	各类素色的毛、棉、化纤纺织品，质感、手感都很好，吸声保温、透气性好。但易污染，不易清洁	—	点缀性内墙面装饰
无纺贴墙布	富有弹性、不易折断、不易老化、对皮肤无刺激、色彩鲜艳、透气、防潮，但防污性差	—	高级宾馆、住宅内墙面装饰

图 7.4.1-1　PVC 壁纸示例图

图 7.4.1-2　织物复合壁纸示例图

图 7.4.1-3　金属壁纸示例图

图 7.4.1-4　复合纸质壁纸示例图

图 7.4.1-5　锦缎壁纸示例图

图 7.4.1-6　无机质壁纸示例图

图 7.4.1-7　石英纤维壁纸示例图

图 7.4.1-8　石英纤维壁纸示例图

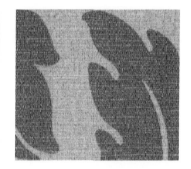

图 7.4.1-9　石英纤维壁纸示例图

4.1.2　常见壁纸、壁布的符号标志及意义

（1）常见壁纸、壁布的符号标志及意义，见表 7.4.1-2。

（2）壁纸背面标有符号标志，不同符号标志表示不同壁纸的性能特点及施工方法。

常见壁纸、壁布的符号标志及意义（图 7.4.1-10）　　　　表 7.4.1-2

说明	符号	说明	符号
可擦拭	〜	可洗	≈

说明	符号	说明	符号
特别可洗		可刷洗	
特别耐刷洗		光照色牢度合格	
光照色牢度良好		光照色牢度好	
光照色牢度很好		光照色牢度极好	
随意拼接		换向交替拼接	
直接拼接		错位拼接	
壁纸背面刷胶		墙上要涂胶粘剂	
基层已涂胶		整张干撕	
整张水撕		表层干撕	

说明	符号	说明	符号
双层发泡印花		可双层切割	
耐撞击			

注：1. 可擦拭性是指粘贴壁纸的胶粘剂附在壁纸的正面，在胶粘剂未干时用湿布或海绵拭去而不留下明显的痕迹。
2. 壁纸的可洗性是指壁纸在粘贴后的使用期内可洗涤的性能，这是对壁纸用在有污染和湿度较高地方的要求。

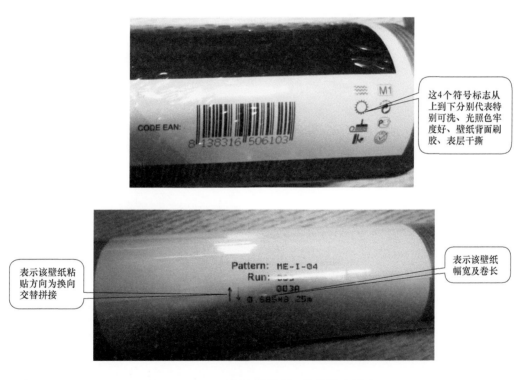

图 7.4.1-10　壁纸包装说明上的符号示例图

4.1.3　壁纸、壁布的选用

（1）酒店、宾馆在选用壁纸时首先考虑面对群体的风俗习惯。

（2）一般公共场所对装饰材料强度要求高，一般选用易施工、耐碰撞的布基壁纸。

（3）壁纸（布）品种、花型、颜色由设计定，燃烧性能见厂家产品说明，设计选用时应在施工图中说明。

（4）民用建筑壁纸的选用要根据用户的文化层次、年龄、职业及所在地域特征等，同时要考虑房间的朝向。向阳房间宜选用冷色调壁纸；背阳房间宜选用暖色调壁纸；儿童房间宜选用卡通壁纸；较矮的房间宜选用竖条状壁纸。还应根据经济适用的原则，选用耐磨损、擦洗性好的壁纸。

图 7.4.1-11　冷色调壁纸示例图

图 7.4.1-12　暖色调壁纸示例图

图 7.4.1-13　卡通壁纸示例图

图 7.4.1-14　竖条状壁纸示例图

4.1.4　壁纸、壁布的施工规范

（1）基层表面应平整、不得有粉化、起皮、裂缝和突出物，色泽应一致。有防潮要求的应进行防潮处理。

（2）裱糊前应按壁纸、墙布的品种、花色、规格进行选配、拼花、裁切、编号，裱糊时应按编号顺序粘贴。

（3）墙面应采用整幅裱糊，先垂直面后水平面，先细部后大面，先保证垂直后对花拼缝，垂直面是先上后下，先长墙面后短墙面，水平面是先高后低。阴角处接缝应搭接，阳角处应包角不得有接缝。

（4）聚氯乙烯塑料壁纸裱糊前应先将壁纸用水润湿数分钟，墙面裱糊时应在基层表面涂刷胶粘剂，顶棚裱糊时，基层和壁纸背面均应涂刷胶粘剂。

（5）复合壁纸不得浸水，裱糊前应先在壁纸背面涂刷胶粘剂，放置数分钟，裱糊时，基层表面应涂刷胶粘剂。

（6）纺织纤维壁纸不宜在水中浸泡，裱糊前宜用湿布清洁背面。

（7）带背胶的壁纸裱糊前应在水中浸泡数分钟。裱糊顶棚时应涂刷一层稀释的胶粘剂。

（8）金属壁纸裱糊前应浸水 1～2min，阴干 5～8min 后在其背面刷胶。刷胶应使用专用的壁纸胶粉，一边刷胶，一边将刷过胶的部分，向上卷在发泡壁纸卷上。

（9）玻璃纤维基材壁纸、无纺墙布无需进行浸润。应选用粘结强度较高的胶粘剂，裱糊前应在基层表面涂胶，墙布背面不涂胶。玻璃纤维墙布裱糊对花时不得横拉斜扯避免变形脱落。

（10）开关、插座等突出墙面的电气盒，裱糊前应先卸去盒盖。

4.2 作业条件

4.2.1 墙面抹灰已完成，其表面平整度、立面垂直度及阴阳角方正等应达到高级抹灰标准，其含水率不得大于 8%；木材制品含水率不得大于 12%。

4.2.2 墙、柱、顶面上的水、电、风专业预留、预埋必须全部完成，且电气穿线、测试完成并合格，各种管路打压、试水完成并合格。

4.2.3 门窗及墙面各种饰面已安装完成并经验收合格。

4.2.4 地面面层施工已完成，并已做好成品保护。

4.2.5 吊顶已安装完成，并且其涂料饰面已完成。

4.2.6 建筑装饰装修工程施工前应有主要材料的样板或做样板间（件），并应经有关各方确认。

图 7.4.2-1 壁纸封样示例图

图 7.4.2-2 施工前已完成样板间示例图

4.3 操作工艺

4.3.1 工艺流程

基层涂刷壁纸基膜→弹设壁纸竖向控制线→计算用料、裁纸并标记→刷胶→粘贴壁纸→壁纸修整、清理。

4.3.2 基层涂刷壁纸基膜：先将墙面基层表面浮灰清扫干净，再用滚筒刷将壁纸基膜满刷于墙面，不得漏刷。根据现场温、湿度及通风条件，等候1～4小时，就可进行下道工序施工。

【备注：壁纸基膜可封闭基层的毛细孔，有效降低基层的吸收性，方便施工期间墙纸的调整，同时增强基层的墙面附着力，保证了壁纸与基层的粘接。】

图 7.4.3-1　壁纸基膜示例图　　　　　　图 7.4.3-2　基层涂刷壁纸基膜示例图

4.3.3 弹设壁纸竖向控制线：按壁纸的标准宽度进行分块，使用激光水平仪弹竖向控制线。每个墙面的第一条纸都要弹线找垂直，第一条线距墙阴角约15cm处，作为裱糊时的准线，基准垂线弹得越细越好。墙面上如有门窗口的应增加门窗两边的垂直线。无图案墙纸通常做法是进门左阴角处开始铺贴第一张，有图案墙纸应根据设计要求进行分块（图 7.4.3-3～图 7.4.3-5）。

图 7.4.3-3　激光　　　　　　图 7.4.3-4　根据壁纸幅宽　　　　图 7.4.3-5　使用激光水平仪
水平仪示例图　　　　　　　　分块标记示例图　　　　　　　　弹竖向控制线示例图

4.3.4 计算用料、裁纸并标记：将已量好的墙体高度约放大 20～30mm，按此尺寸计算用料、裁纸，一般应在案子上裁割，将裁好的纸，用湿毛巾擦后，折好待用（图 7.4.3-6、图 7.4.3-7）。

图 7.4.3-6　测量墙面高度示例图

图 7.4.3-7　裁纸并标记示例图

4.3.5　配制壁纸胶粘剂：用于粘贴壁纸的胶水，由墙纸胶粉及其专用胶浆配制而成。壁纸胶粉一般为盒装或袋装，壁纸胶浆为罐装，需按说明书加水调配后方可使用。布基胶面壁布比较厚重，应采用壁布专用胶水，直接用滚刷涂到墙面和壁布背面即可（图 7.4.3-8～图 7.4.3-13）。

图 7.4.3-8　壁纸胶粉示例图

图 7.4.3-9　壁纸胶浆示例图

图 7.4.3-10　倒入胶粉示例图

图 7.4.3-11　壁纸胶粉搅拌均匀示例图

图 7.4.3-12　加入壁纸专用透明胶浆示例图

图 7.4.3-13　加入胶浆搅拌均匀示例图

4.3.6　刷胶：在进行施工前将裁好的 2～3 块壁纸进行刷胶，使壁纸起到湿润、软化的作用，刷胶应厚薄均匀，从刷胶到最后上墙的时间一般控制在 5～7min（图 7.4.3-14～图 7.4.3-16）。

【备注：除了用滚筒刷胶这种方式外，还可以用壁纸上胶机刷胶（图 7.4.3-17）。】

图 7.4.3-14　用滚筒在壁纸背面刷胶示例图

图 7.4.3-15　将刷好胶的壁纸背对背折起示例图

图 7.4.3-16　壁纸全部折起待用示例图

图 7.4.3-17　壁纸上胶机刷胶示例图

4.3.7　粘贴壁纸：

糊纸时从墙的阴角开始铺贴第一张，按已画好的垂直线吊直，并从上往下用手铺平，用刮板刮实，并用小辊子将上、下阴角处压实。第一张粘好后边缘留 10～20mm 不压死（应拐过阴角约 20mm）。

相邻两幅壁纸的连接方法有两种，分别为拼接法和搭接法。

拼接法：一般用于带图案或花纹壁纸的裱贴。壁纸在裱贴前先按编号及背面箭头试拼，然后按顺序将相邻的两幅壁纸直接拼缝及对花逐一裱贴于墙面上，再用刮板、压平滚从上往下斜向赶出气泡和多余的胶液使之贴实，刮出的胶液用洁净的湿毛巾擦干净，然后用接缝滚将壁纸接缝压平（图 7.4.3-18～图 7.4.3-23）。

图 7.4.3-18　壁纸裱贴前按编号试拼示例图

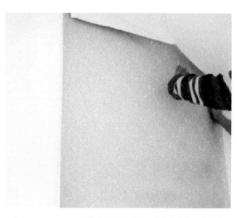

图 7.4.3-19　从阴角贴第一幅壁纸示例图

图 7.4.3-20　用刮板刮平壁纸并赶出气泡与胶液示例图

图 7.4.3-21　阴角处对花并顺光搭接示例图

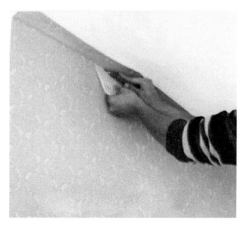

图 7.4.3-22　对花后裁掉上下多余部分示例图

图 7.4.3-23　清理干净后壁纸示例图

搭接法：用于无须对接图案的壁纸的裱贴。裱贴时，使相邻的两幅壁纸重叠，然后用直尺及壁纸刀在重叠处的中间将两层壁纸切开，再分别将切断的两幅壁纸边条撕掉，再用刮板、压平滚从上往下斜向赶出气泡和多余的胶液使之贴实，刮出的胶液用洁净的湿毛巾擦干净，然后用接缝滚将壁纸接缝压平（图 7.4.3-24～图 7.4.3-33）。

图 7.4.3-24 相邻两幅
壁纸搭接示例图

图 7.4.3-25 用刮板刮平壁纸
并赶出气泡与胶液示例图

图 7.4.3-26 搭接后裁掉下面
多余部分示例图

图 7.4.3-27 搭接后裁掉
上面多余部分示例图

图 7.4.3-28 在重叠处的中间
将两层壁纸切开示例图

图 7.4.3-29 撕开
外面壁纸边条示例图

图 7.4.3-30　撕开里面
壁纸边条示例图

图 7.4.3-31　用刮板赶出
接缝处气泡与胶液示例图

图 7.4.3-32　用湿毛巾擦净
接缝处胶液示例图

图 7.4.3-33　用接缝滚将
壁纸接缝压平示例图

　　在裱糊时，阳角不允许甩槎接缝；阴角处必须裁纸顺光搭缝，不允许整张纸铺贴，避免产生空鼓与皱折。遇电器开关应将面板除去，在壁纸上画对角线，剪去多余部分，然后再盖上面板使墙面完整（图 7.4.3-34～图 7.4.3-37）。

图 7.4.3-34　阳角处壁纸包角示例图

图 7.4.3-35　阴角处顺光搭缝示例图

219

图 7.4.3-36　开关处画对角线示例图　　　　图 7.4.3-37　壁纸与面板交接严密示例图

4.3.8　壁纸修整、清理：糊纸后应认真检查，对墙纸的翘边、翘角、气泡、皱折及胶痕未擦净等，应及时处理和修整。

4.3.9　应注意的质量问题

（1）边缘翘起：主要是接缝处胶刷得少、局部未刷胶，或边缝未压实，干后出现翘边、翘缝等现象。发现后应及时刷胶辊压修补好。

（2）上、下端缺纸：主要是裁纸时尺寸未量好，或切裁时未压住钢板尺而走刀将纸裁小。施工操作时一定要认真细心。

（3）墙面不洁净，斜视有胶痕：主要是没及时用湿毛巾将胶痕擦净，或虽清擦但不彻底又不认真，后由于其他工序造成壁纸污染等。

（4）壁纸表面不平，斜视有疙瘩：主要是基层墙面清理不彻底，或虽清理但没认真清扫，因此基层表面仍有积尘、腻子包、水泥斑痕、小砂粒、胶浆疙瘩等，故粘贴壁纸后会出现小疙瘩；或由于抹灰砂浆中含有未熟化的生石灰颗粒，也会将壁纸拱起小包。处理时应将壁纸切开取出污物，再重新刷胶粘贴好。

（5）壁纸有泡：主要是基层含水率大，抹灰层未干就铺贴壁纸，由于抹灰层被封闭，多余水分出不来，气化就将壁纸拱起成泡。处理时可用注射器将泡刺破并注入胶液，用辊压实（图 7.4.3-38）。

（6）阴阳角壁纸空鼓、阴角处有断裂：阳角处的粘贴大都采用整张纸，它要照顾一个角到两个面，都要尺寸到位、表面平整、粘贴牢固，是有一定的难度，阴角比阳角稍好一点，但与抹灰基层质量有直接关系，只要胶不漏刷，赶压到位，是可以防止空鼓的。要防止阴角断裂，关键是阴角壁纸接槎时必须拐过阴角 1～2cm，使阴角处形成了附加层，这样就不会由于时间长、壁纸收缩，而造成阴角处壁纸断裂。

（7）面层颜色不一，花形深浅不一：主要是壁纸质量差，施工时没有认真挑选。

（8）窗台板上下、窗帘盒上下等处铺贴毛糙，拼花不好，污染严重：主要是操作不认真。应加强工作责任心，要高标准、严要求，严格按规程认真施工。

（9）对湿度较大房间和经常潮湿的墙体应采用防水性能好的壁纸及胶粘剂，有酸性腐蚀的房间应采用防酸壁纸及胶粘剂。

（10）对于玻璃纤维布及无纺贴墙布，糊纸前不应浸泡，只用湿毛巾涂擦后摺起备用即可。

（11）壁纸接缝处开胶：壁纸裱糊完成后，由于未将门窗关严实，过堂风吹过壁纸表面，加快内部胶的挥发，导致接缝处开胶。

（12）厚重墙布的裱糊大面及阳角处出现空鼓：由于墙布又厚又硬，直接用刮板无法刮平及压实，需要用热风枪将墙布烤软后再行施工（图7.4.3-39）。

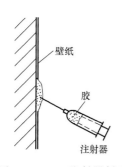

图7.4.3-38　注射器刺破
壁纸并注胶示例图

图7.4.3-39　热风枪烤软墙布示例图

4.3.10　竣工工程精品图片展示（图7.4.3-40～图7.4.3-51）

图7.4.3-40　壁纸与踢脚线
交接严密示例图

图7.4.3-41　壁布与踢脚线、墙面木饰面
交接严密示例图

图7.4.3-42　壁纸与面板、壁画
交接严密示例图

图7.4.3-43　壁纸与开关面板
交接严密示例图

图 7.4.3-44　壁纸与床背板
交接严密示例图

图 7.4.3-45　壁纸与墙面
木饰面交接严密示例图

图 7.4.3-46　壁纸与吊顶搭接棱角
分明接缝平直示例图

图 7.4.3-47　壁纸阴角处
顺光搭接示例图

图 7.4.3-48　壁纸整体
效果示例图

图 7.4.3-49　壁纸整体
效果示例图

图 7.4.3-50　壁纸整体效果示例图　　　　图 7.4.3-51　壁纸整体效果示例图

5　裱糊工程的质量验收标准

5.1　一般规定

5.1.1　适用于聚氯乙烯塑料壁纸、复合纸质壁纸、墙布等裱糊工程的质量验收。

5.1.2　裱糊工程验收时应检查下列文件和记录：

（1）裱糊工程的施工图、设计说明及其他设计文件。

（2）饰面材料的样板及确认文件。

（3）材料的产品合格证书、性能检测报告、进场验收记录和复验报告。

（4）施工记录。

5.1.3　裱糊工程的检验批应按下列规定划分：同一品种的裱糊工程每 50 间（大面积房间和走廊按施工面积 30m² 为一间）应划分为一个检验批，不足 50 间也应划分为一个检验批。

5.1.4　检查数量应符合下列规定：裱糊工程每个检验批应至少抽查 10％，并不得少于 3 间，不足 3 间时应全数检查。

5.2　主控项目

5.2.1　壁纸、墙布的种类、规格、图案、颜色、燃烧性能等级和有害物质限量必须符合设计要求及国家现行标准的有关规定。

检验方法：观察；检查产品合格证书、进场检验记录和性能检测报告。

5.2.2　裱糊工程基层处理质量应符合以下要求：

（1）新建筑物的混凝土或抹灰基层墙面在刮腻子前应涂刷抗碱封闭底漆。

（2）旧墙面在裱糊前应清除疏松的旧装修层，并刷涂界面剂。

（3）混凝土或抹灰基层含水率不得大于 8％；木材基层的含水率不得大于 12％。

（4）基层腻子应平整、坚实、牢固，无粉化、起皮和裂缝；腻子的粘结强度应符合《建筑室内用腻子》JG/T 298 N 型的规定。

（5）基层表面平整度、立面垂直度及阴阳角方正应达到《建筑装饰装修工程质量验收规范》GB 50210 中第 4.2.11 条高级抹灰的要求。

高级抹灰的允许偏差和检验方法 表 7.5.2

项次	项目	允许偏差(mm)	检验方法
1	立面垂直度	3	用 2m 垂直检测尺检查
2	表面平整度	3	用 2m 靠尺和塞尺检查
3	阴阳角方正	3	用直角检测尺检查

（6）基层表面颜色应一致。

（7）裱糊前应用封闭底胶涂刷基层。

检验方法：观察；手摸检查；检查施工记录。

【条文说明：基层的质量与裱糊工程的质量有非常密切的关系；故做出本条规定。

（1）新建筑物的混凝土抹灰基层如不涂刷抗碱封闭底漆，基层泛碱会导致裱糊后的壁纸变色。

（2）旧墙面疏松的旧装修层如不清除，将会导致裱糊后的壁纸起鼓或脱落。清除后的墙面仍需达到裱糊对基层的要求。

（3）基层含水率过大时，水蒸气会导致壁纸表面起鼓。

（4）腻子与基层粘结不牢固，或出现粉化、起皮和裂缝，均会导致壁纸接缝处开裂，甚至脱落，影响裱糊质量。

（5）抹灰工程的表面平整度、立面垂直度及阴阳角方正等质量均对裱糊质量影响很大，如其质量达不到高级抹灰的质量要求，将会造成裱糊时对花困难，并出现离缝和搭接现象，影响整体装饰效果，故抹灰质量应达到高级抹灰的要求。

（6）如基层颜色不一致，裱糊后会导致壁纸表面发花，出现色差，特别是对遮蔽性较差的壁纸，这种现象将更严重。

（7）底胶能防止腻子粉化，并防止基层吸水，为粘贴壁纸提供一个适宜的表面，还可使壁纸在对花、校正位置时易于滑动。】

5.2.3 裱糊后各幅拼接应横平竖直，拼接处花纹、图案应吻合，不离缝，不搭接，不显拼缝。

检验方法：观察；拼缝检查距离墙面 1.5m 处正视。

5.2.4 壁纸、墙布应粘贴牢固，不得有漏贴、补贴、脱层、空鼓和翘边。

检验方法：观察；手摸检查。

5.3 一般项目

5.3.1 裱糊后的壁纸、墙布表面应平整、色泽应一致，不得有波纹起伏、气泡、裂缝、皱折及斑污，斜视时应无胶痕。

检验方法：观察；手摸检查。

【条文说明：裱糊时，胶液极易从拼缝中挤出，如不及时擦去，胶液干后壁纸表面会产生亮带，影响装饰效果。】

5.3.2 复合压花壁纸的压痕及发泡壁纸的发泡层应无损坏。

检验方法：观察。

5.3.3　壁纸、墙布与各种装饰线、设备线盒应交接严密。

检验方法：观察。

5.3.4　壁纸、墙布边缘应平直整齐，不得有纸毛、飞刺。

检验方法：观察。

5.3.5　壁纸、墙布阴角处搭接应顺光，阳角处应无接缝。

检验方法：观察。

【条文说明：裱糊时，阴阳角均不能有对接缝，如有对接缝极易开胶、破裂，且接缝明显，影响装饰效果。阳角处应包角压实，阴角处应顺光搭接，这样可使拼缝看起来不明显。】

第8章 软包工程

软包工程重在过程控制，确定控制的重点和难点，根据具体情况制定相应的措施：

(1) 软包的分格应符合设计要求。

(2) 软包面料色差的控制：一是使用同一批次的面料，二是要进行挑选。

(3) 软包构造做法应符合设计要求。

(4) 单块软包面料绷压要严密。

施工过程控制应从软包原材、试验、基层处理等方面重点要求，确保工程质量。

1 软包工程施工主要相关规范标准

本条所列的是与软包工程施工相关的主要国家和行业标准，也是项目部须根据需要配置的，且在施工中经常查看的规范标准。但因软包工程无国标及行标施工工艺规程，故参考北京地方标准《建筑安装分项工程施工工艺规程》（第五分册）DBJ/T 01-26-2003 和《建筑施工手册》（第五版）。《内装修　墙面装修》13J502-1 为建筑施工类图集，可以指导施工人员了解软包的施工及其做法，确保软包施工时规范有序，满足规范规定和设计要求。

1.1 材料规范

《水溶性聚乙烯醇建筑胶粘剂》JC/T 438

1.2 质量验收及施工规范

(1)《建筑装饰装修工程质量验收规范》GB 50210

(2)《住宅装饰装修工程施工规范》GB 50327

(3)《建筑安装分项工程施工工艺规程》（第五分册）DBJ/T 01-26

1.3 相关防火、环保规范

(1)《建筑内部装修设计防火规范》GB 50222

(2)《民用建筑工程室内环境污染控制规范》GB 50325

(3)《建筑内部装修防火施工及验收规范》GB 50354

(4)《室内装饰装修材料　胶粘剂中有害物质限量》GB 18583

1.4 相关图集

《内装修墙面装修》13J502-1

2 软包工程强制性条文

2.1 《室内装饰装修材料 胶粘剂中有害物质限量》GB 18583—2008 强制性条文

（1）（第 3.1 条）室内建筑装饰装修用胶粘剂分为溶剂型、水基型、本体型三大类。

（2）（第 3.2 条）溶剂型胶粘剂中有害物质限量值应符合表 8.2.1-1 的规定。

溶剂型胶粘剂中有害物质限量值　　　　　表 8.2.1-1

项目	指标			
	氯丁橡胶胶粘剂	SBS 胶粘剂	聚氨酯类胶粘剂	其他胶粘剂
游离甲醛(g/kg)	≤0.50		—	—
苯(g/kg)	≤5.0			
甲苯＋二甲苯(g/kg)	≤200	≤150	≤150	≤150
甲苯二异氰酸酯(g/kg)	—		≤10	—
二氯甲烷(g/kg)		≤50		
1,2-二氯乙烷(g/kg)	总量≤5.0		—	≤50
1,1,2-三氯乙烷(g/kg)		总量≤5.0		
三氯乙烯(g/kg)				
总挥发性有机物(g/L)	≤700	≤650	≤700	≤700

注：如产品规定了稀释比例或产品有双组分或多组分组成时，应分别测定稀释剂和各组分中的含量，再按产品规定的配比计算混合后的总量。如稀释剂的使用量为某一范围时，应按照推荐的最大稀释量进行计算。

（3）（第 3.3 条）水基型胶粘剂中有害物质限量值应符合表 8.2.1-2 的规定。

水基型胶粘剂中有害物质限量值　　　　　表 8.2.1-2

项目	指标				
	缩甲醛类胶粘剂	聚乙酸乙烯酯胶粘剂	橡胶类胶粘剂	聚氨酯类胶粘剂	其他胶粘剂
游离甲醛(g/kg)	≤1.0	≤1.0	≤1.0	—	≤1.0
苯(g/kg)	≤0.20				
甲苯＋二甲苯(g/kg)	≤10				
总挥发性有机物(g/L)	≤350	≤110	≤250	≤100	≤350

（4）（第 3.4 条）本体型胶粘剂中有害物质限量值应符合表 8.2.1-3 的规定。

本体型胶粘剂中有害物质限量值　　　　　表 8.2.1-3

项　　目	指　　标
总挥发性有机物(g/L)	≤100

2.2 《建筑内部装修设计防火规范》GB 50222—95（2001 年局部修订）强制性条文

（第 3.1.18 条）当歌舞厅、卡拉 OK 厅（含具有卡拉 OK 功能的餐厅）、夜总会、录像厅、放映厅、桑拿浴（除洗浴部分外）、游艺厅（含电子游艺厅）、网吧等歌舞娱乐场所

（以下简称歌舞娱乐放映游艺场所）设置在一、二级耐火等级建筑的四层及四层以上时，室内装修的顶棚材料应采用 A 级装修材料，其他部位应采用不低于 B1 级的装修材料；设置在地下一层时，室内装修的顶棚、墙面材料应采用 A 级装修材料，其他部位采用不低于 B1 级的装修材料。

3 软包工程材料的现场管理

3.1 软包材料进场及检验

3.1.1 软包的种类、规格、图案、颜色和燃烧性能等级应符合设计要求和国家现行标准的有关规定。当设计无要求时应符合国家现行标准的规定。严禁使用国家明令淘汰的材料。

3.1.2 软包面料、内衬材料、龙骨、衬板、边框的燃烧性能应符合现行国家标准《建筑内部装修设计防火规范》GB 50222、《建筑设计防火规范》GBJ 16 和《高层民用建筑设计防火规范》GB 50045 的规定。

3.1.3 软包面料、内衬材料、龙骨、衬板、边框、胶粘剂等材料进场时应对品种、规格、外观和尺寸进行验收。材料包装应完好，应有产品合格证书、中文说明书及相关性能的检测报告；进口产品应按规定进行商品检验。

3.1.4 软包面料进场后需要进行复验。同一厂家生产的同一品种、同一类型的进场材料应至少抽取一组样品进行复验，当合同另有约定时应按合同执行。

3.1.5 当国家规定或合同约定应对材料进行见证检测时，或对材料的质量发生争议时，应进行见证检测。

3.1.6 承担建筑装饰装修材料检测的单位应具备相应的资质，并应建立质量管理体系。

3.1.7 建筑装饰装修工程所使用的材料在运输、储存和施工过程中，必须采取有效措施防止损坏、变质和污染环境。

3.1.8 软包材料进场检查验收（包括软包面料、内衬材料、龙骨、衬板、边框和胶粘剂），要由项目部专业工程师负责组织质检员、专业工长、试验员、材料员以及监理共同参加的联合检查验收，检查内容包括：产品的材质、品种、规格、型号、数量、外观质量、产品出厂合格证及其他应随产品交付的技术资料是否符合要求（并根据检测报告机构预留电话及时查验技术资料真伪），有无破损、皱折、斑污等现象。

3.2 软包材料管理

3.2.1 软包材料应按照不同材料的要求分别进行放置，并按照材料的规格、型号、等级、颜色进行分类贮存，并挂标识牌，注明产地、规格、品种、数量、检验状态（合格、不合格、待检）、检验日期等。

3.2.2 对于需要先复试后使用的产品，由项目试验员严格按照相关规定进行取样，送试验室复验，材料复试合格后方可使用。专业工程师对材料的抽样复试工作要进行检查监督。

3.2.3 在进行材料的检验工作完成后，相关的内业工作（产品合格证、试验报告等质量证明文件）要及时收集、整理、归档。

3.2.4 软包材料进场应建立材料收发料制度，建立材料收发料台账。材料的检验工作完成并合格后，由项目部专业工程师负责填写软包材料发料单，并由库管员负责将材料发放给各施工作业队。

4 软包工程的施工要求

4.1 一般规定

4.1.1 织物软包是一种在内墙表面用柔性材料加以包装的墙面装饰，分为布艺软包和皮革软包两种，具有吸声、防静电、防撞、质地柔软、色彩柔和能够柔化和美化空间的特点。

4.1.2 软包墙面制作安装应符合《住宅装饰装修工程施工规范》GB 50327—2001 中第 12.3.4 条的规定及要求：

（1）软包墙面所用填充材料、纺织面料和龙骨、木基层板等均应进行防火处理。

（2）墙面防潮处理应均匀涂刷一层清油或满铺油纸。不得用沥青油毡做防潮层。

（3）木龙骨宜采用凹槽榫工艺预制，可整体或分片安装，与墙体连接应紧密、牢固。

（4）填充材料制作尺寸应正确，棱角应方正，应与木基层板粘接紧密。

（5）织物面料裁剪时经纬应顺直。安装应紧贴墙面，接缝应严密，花纹应吻合，无波纹起伏、翘边和褶皱，表面应清洁。

（6）软包布面与压线条、贴脸线、踢脚板、电气盒等交接处应严密，顺直，无毛边。电气盒盖等开洞处，套割尺寸应准确。

【备注：软包分硬收边和软收边，有边框和无边框等。面料的种类也很多，宜结合设计和面料特性制作安装。】

4.2 作业条件

4.2.1 软包墙、柱面上的水、电、风专业预留预埋必须全部完成，且电气穿线、测试完成并合格，各种管路打压、试水完成并合格。

4.2.2 室内湿作业完成，地面和顶棚施工已经全部完成（地毯可以后铺），室内清扫干净。

4.2.3 不做软包的部分墙面面层施工基本完成，只剩最后一遍涂层。

4.2.4 门窗工程全部完成（做软包的门扇除外），房间达到可封闭条件。

4.2.5 软包门扇必须全部涂刷完不少于两道底漆，各五金件安装孔已开好。

4.2.6 各种材料、工机具已全部到达现场，并经检验合格，各种木制品满足含水率不大于 12% 的要求。

4.2.7 基层墙、柱面的抹灰层已干透，含水率达到不大于 8% 的要求。

4.2.8 调整基层并进行检查，要求基层平整、牢固，垂直度、平整度均符合细木制作验收规范。

4.2.9 软包周边装饰边框及装饰线安装完毕。

4.2.10 建筑装饰装修工程施工前应有主要材料的样板或做样板间（件），并应经有关各方确认。

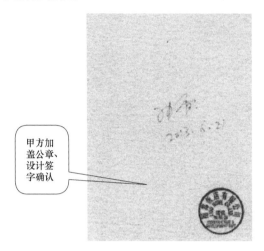

甲方加盖公章、设计签字确认

图8.4.2-1 软包面料封样示例图

图8.4.2-2 施工前已完成样板间示例图

4.3 操作工艺

4.3.1 工艺流程

定位、弹线→套割衬板及钉木边框→试铺衬板→计算用料、套裁填充料和面料→粘贴填充料→包面料→安装。

4.3.2 定位、弹线：根据设计要求的装饰分格、造型等尺寸在安装好的基层板上进行吊直、套方、找规矩、弹控制线等工作，把图纸尺寸和实际尺寸相结合后，将设计分格与造型按1∶1比例反映到墙面基层板上（图8.4.3-1、图8.4.3-2）。

图8.4.3-1 定位弹线示例图

图8.4.3-2 裁割衬板示例图

4.3.3 套割衬板及钉木边框：根据设计图纸的要求，按软包造型尺寸裁割衬底板材，衬板厚度应符合设计要求。如软包边缘有斜边或其他造型要求，则在衬板边缘安装相应形状的木边框。木边框要进行封油处理防止原木吐色污染布料，木条厚度还应根据内衬材料厚度决定（图8.4.3-3～图8.4.3-6）。

图 8.4.3-3 衬板边缘安装木边框示例图

图 8.4.3-4 木边框 45°对拼示例图

图 8.4.3-5 木边框内倾保证拼缝严密示例图

图 8.4.3-6 衬板制作完成后示例图

4.3.4 试铺衬板：按图纸所示尺寸、位置试铺衬板，以确定其尺寸是否正确，分缝是否通直、不错台，木边框高度是否一致、平顺，尺寸位置有误的须调整好，然后按顺序拆下衬板，在背面标号，并标注安装方向，以待粘贴填充料及面料。衬板挂条临时固定在基层板上，挂条厚度是可调节的，用来调整软包面板的进出位（图 8.4.3-7～图 8.4.3-10）。

图 8.4.3-7 衬板挂条临时固定示例图

图 8.4.3-8 衬板挂条临时固定完成示例图

图 8.4.3-9　衬板挂条临时固定完成示例图　　　　图 8.4.3-10　衬板背面编号并

标注安装方向示例图

4.3.5　计算用料、套裁填充料和面料：根据设计图纸的要求，进行用料计算和套裁填充材料及面料工作，同一房间、同一图案与面料必须用同一卷材料套裁（图 8.4.3-11～图 8.4.3-15）。

图 8.4.3-11　计算填充料用料示例图　　　　　　图 8.4.3-12　套裁填充料示例图

图 8.4.3-13　计算面料用料示例图　　　　　　　图 8.4.3-14　套裁面料示例图

4.3.6　粘贴填充料：将套裁好的填充料固定于衬板上。填充料的材质、厚度按设计要求选用，材质必须是阻燃环保型，填充料四周与木条之间必须吻合、无缝隙，高度宜高出木条 1～2mm，用环保型胶粘剂平整地粘贴在衬板上（图 8.4.3-16～图 8.4.3-19）。

232

遇到软包饰面上有开关或插座等电盒时，先按照图纸位置将电盒预留孔开好，并且在电盒预留孔四周钉上木边框，以保证电盒安装后位置平整方正。再将填充料粘贴在衬板上，电盒预留孔四周填充料裁切整齐（图 8.4.3-20～图 8.4.3-27）。

图 8.4.3-15　套裁好的面料分规格码放示例图

4.3.7　包面料：用于蒙面的织物、人造革的花色、纹理、质地必须符合设计要求，同一场所必须使用同一匹面料。面料在蒙铺之前必须确定正、反面，面料的纹理及纹理方向，在正放情况下，织物面料的经纬线应垂直和水平。用于同一场所的所有面料，纹理方向必须一致，尤其是起绒面料，更应注意。织物面料要先进行拉伸熨烫，再进行蒙面上墙。

图 8.4.3-16　用羊毛刷在衬板正面刷胶示例图

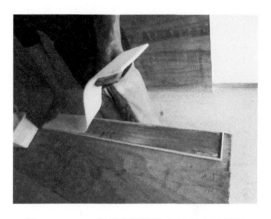

图 8.4.3-17　将填充料粘贴在衬板上示例图

图 8.4.3-18　将填充料四周压平示例图

图 8.4.3-19　填充料安装完成后示例图

面料有花纹、图案时，应先包好一块作为基准，再按编号将与之相邻的衬板面料对准花纹后进行裁剪。面料裁剪根据衬板尺寸确定，织物面料剪裁好以后，要先进行拉伸熨烫，再蒙到已贴好的内衬材料的衬板上，从衬板的反面用 U 形气钉和胶粘剂进行固定。蒙面料时要先固定上下两边（即织物面料的经线方向），四角叠整规矩后，再固定另外两边。蒙好的衬板面料应绷紧、无折皱，纹理拉平拉直，各块衬板的面料绷紧度要一致（图 8.4.3-28～图 8.4.3-41）。

图 8.4.3-20　电盒预留孔四周
采用木边框收边示例图

图 8.4.3-21　用羊毛刷在衬板正面刷胶示例图

图 8.4.3-22　将填充料粘
贴在衬板上示例图

图 8.4.3-23　将填充料四周压平示例图

图 8.4.3-24　衬板边角位置补胶示例图

图 8.4.3-25　电盒预留孔四周
裁切填充物示例图

图 8.4.3-26 电盒处填充
料安装完成后示例图

图 8.4.3-27 衬板粘贴填
充料后码放整齐示例图

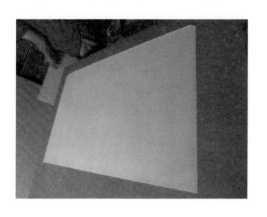

图 8.4.3-28 将裁切好的面
料反面朝上平摊示例图

图 8.4.3-29 将衬板反面朝
上放置于面料上示例图

图 8.4.3-30 将衬板面料翻
过来绷紧固定示例图

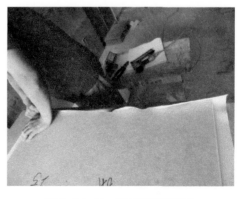

图 8.4.3-31 将衬板反面朝上
用力绷紧面料示例图

图 8.4.3-32　绷紧面料先固
定两角与中间示例图

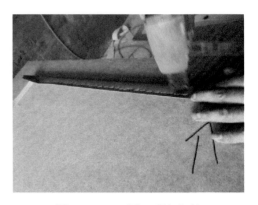

图 8.4.3-33　用 U 形气钉整
排固定面料示例图

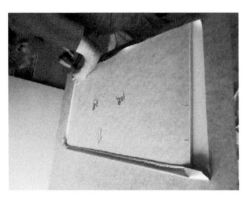

图 8.4.3-34　固定上边后再
固定下边示例图

图 8.4.3-35　整排固定
下边面料示例图

图 8.4.3-36　将面料四角
进行 45°切角示例图

图 8.4.3-37　面料四角切角后示例图

图 8.4.3-38 搓平绷紧面料
后固定剩余两边示例图

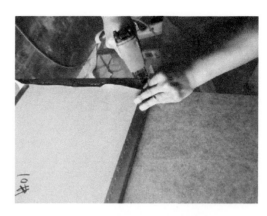

图 8.4.3-39 用 U 形气钉整排
固定剩余两边面料示例图

图 8.4.3-40 剩余两边面料固
定后 45°切角示例图

图 8.4.3-41 面料四角切角后示例图

　　面料上有开关插座等电盒时，面料沿电盒对角线划十字线再进行包边（图 8.4.3-42～图 8.4.3-46）。

图 8.4.3-42 电盒处包完面料示例图

图 8.4.3-43 沿电盒对角线划十字线示例图

图 8.4.3-44　用老虎钳拉紧面
料气钉固定示例图

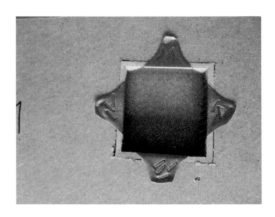

图 8.4.3-45　电盒处面料固定后示例图

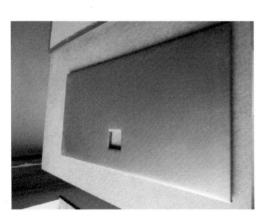

图 8.4.3-46　电盒处面料包好后效果示例图

　　修边、包角：用壁纸刀将绷紧固定好后多余的面料裁切整齐，衬板四角先用剪刀减掉多余部分，再用 U 形气钉包角固定（图8.4.3-47～图 8.4.3-52）

　　4.3.8　安装：最后将包好面料的衬板逐块检查，确认合格后，按衬板的编号对号进行试安装，经试安装确认无误后，正式进行安装。安装方式有两种，一种是采用挂条或插条安装，另一种采用钉粘结合安装。

　　挂条或插条安装：先装最下面一块衬板，衬板背面固定插条，相邻两块衬板通过插条交错卡接，插条上面露出部分采用自攻螺丝固定在基层上，按照此方法自下而上安装（图 8.4.3-53 和图 8.4.3-54）。

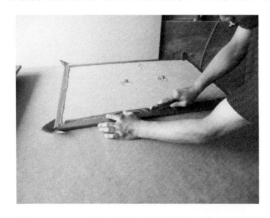

图 8.4.3-47　包好面料四边用壁纸刀裁齐示例图

图 8.4.3-48　面料沿角进行切边示例图

　　钉粘结合安装：先衬板背面刷胶，再用蚊钉从布纹缝隙钉入，必须注意气钉不要打断织物纤维，固定到墙面基层上，按照此方法自下而上安装（图 8.4.3-55 和图 8.4.3-56）。

图 8.4.3-49　四角减掉多余的面料示例图

图 8.4.3-50　U 形气钉包角固定示例图

图 8.4.3-51　面料包角后效果示例图

图 8.4.3-52　修边包角后效果示例图

图 8.4.3-53　采用插条交错安装示例图

图 8.4.3-54　采用插条安装完成示例图

图 8.4.3-55　采用插条安装完成示例图

图 8.4.3-56　蚊钉从布纹缝隙钉入示例图

4.3.9 应注意的质量问题:

（1）软包工程所选用的面料、内衬材料、胶粘剂、细木工板、多层板等材料必须有出厂合格证和环保、消防性能检测报告，其防火等级必须达到设计要求。

（2）接缝不垂直、不水平：相邻两面料的接缝不垂直、不水平，或虽接缝垂直但花纹不吻合，或不垂直不水平等，是因为在铺贴第一块面料时，没有认真进行吊垂直和对花、拼花，因此在开始铺贴第一块面料时必须认真检查，发现问题及时纠正。特别是在预制镶嵌软包工艺施工时，各块预制衬板的制作、安装更要注意对花和拼花。

（3）花纹图案不对称：有花纹图案的面料铺贴后，门窗两边或室内与柱子对称的两块面料的花纹图案不对称，是因为面料下料宽窄不一或纹路方向不对，造成花纹图案不对称。预防方法是通过做样板间，尽量多采取试拼的措施，找出花纹图案不对称问题的原因，进行解决。

（4）离缝或亏料：相邻面料间的接缝不严密，露底称为离缝。面料的上口与挂镜线，下口与台面上口或踢脚线上口接缝不严密，露底称为亏料。离缝主要原因是面料铺贴产生歪斜，出现离缝。上下口亏料的主要原因是面料剪裁不方、下料过短或裁切不细、刀子不快等原因造成。

（5）面层颜色、花形、深浅不一致。主要是因为使用的不是同一匹面料，同一场所面料铺贴的纹路方向不一致，解决方法为施工时认真进行挑选和核对。

（6）周边缝隙宽窄不一致：主要原因是制作、安装镶嵌衬板过程中，施工人员不仔细，硬边衬板的木条倒角不一致。衬板裁割时边缘不直、不方正等。解决办法就是强化操作人员责任心，加强检查和验收工作。

（7）压条、贴脸及镶边条宽窄不一、接槎不平、扒缝等：主要原因是选料不精，木条含水率过大或变形，制作不细，切割不认真，安装时钉子过稀等。解决办法是在施工时，坚决杜绝不是主料就不重视的错误观念，必须重视压条、贴脸及镶边条的材质以及制作、安装过程。

4.3.10 竣工工程精品图片展示（图 8.4.3-57～图 8.4.3-62）

图 8.4.3-57 墙面软包完成后效果示例图

图 8.4.3-58 墙面软包完成后效果示例图

图 8.4.3-59　软包拼缝平直示例图

图 8.4.3-60　软包拼缝平直示例图

图 8.4.3-61　床头软包完成后效果示例图

图 8.4.3-62　床头软包完成后效果示例图

5　软包工程的质量验收标准

5.1　一般规定

5.1.1　软包工程验收时应检查下列文件和记录：

（1）软包工程的施工图、设计说明及其他设计文件。

（2）饰面材料的样板及确认文件。

（3）材料的产品合格证书、性能检测报告、进场验收记录和复验报告。

（4）施工记录。

5.1.2　软包工程的检验批应按下列规定划分：同一品种的软包工程每 50 间（大面积房间和走廊按施工面积 30m² 为一间）应划分为一个检验批，不足 50 间也应划分为一个检验批。

5.1.3　检查数量应符合下列规定：软包工程每个检验批应至少抽查 20%，并不得少于 6 间，不足 6 间时应全数检查。

5.2　主控项目

5.2.1　软包面料、内衬材料及边框的材质、颜色、图案、燃烧性能等级和木材的含水率应符合设计要求及国家现行标准的有关规定。

检验方法：观察；检查产品合格证书、进场检验记录和性能检测报告。

【备注：木材含水率太高，在施工后的干燥过程中，会导致木材翘曲、开裂、变形，直接影响到工程质量。故应对其含水率进行进场验收。】

5.2.2 软包工程的安装位置及构造做法应符合设计要求。

检验方法：观察；尺量检查；检查施工记录。

5.2.3 软包工程的龙骨、衬板、边框应安装牢固，无翘曲，拼缝应平直。

检验方法：观察；手扳检查。

5.2.4 单块软包面料不应有接缝，四周应绷压严密。

检验方法：观察；手摸检查。

【备注：如不绷压严密，经过一段时间，软包面料会因失去张力而出现下垂及皱折；单块软包上的面料不能拼接，因拼接既影响装饰效果，拼接处又容易开裂。】

5.3 一般项目

5.3.1 软包工程表面应平整、洁净，无凹凸不平及皱折；图案应清晰、无色差，整体应协调美观。

检验方法：观察。

5.3.2 软包边框应平整、顺直、接缝吻合。其表面涂饰质量应符合《建筑装饰装修工程质量验收规范》GB 50210—2001 第 10 章的有关规定。

检验方法：观察；手摸检查。

5.3.3 清漆涂饰木制边框的颜色、木纹应协调一致。

检验方法：观察。

【备注：因清漆制品显示的是木料的本色。其色泽和木纹如相差较大，均会影响到装饰效果，故制定此条。】

5.3.4 软包工程安装的允许偏差和检验方法应符合表 8.5.3 的规定。

软包工程安装的允许偏差和检验方法　　　　　　　　　　表 8.5.3

项次	项目	允许偏差（mm）	检验方法
1	垂直度	3	用 1m 垂直检测尺检查
2	边框宽度、高度	0；－2	用钢尺检查
3	对角线长度差	3	用钢尺检查
4	裁口、线条接缝高低差	1	用钢直尺和塞尺检查

第9章 涂饰工程

涂饰工程重在过程控制，确定控制的重点和难点，根据具体情况制定相应的措施：

（1）基层处理质量必须达到规范要求。

（2）同一面墙同一颜色应用相同批号的涂料。

（3）涂料涂饰必须要均匀，防止刷纹和接槎明显。

施工过程控制从涂饰原材、试验、基层处理、刮腻子、滚刷乳胶漆等方面重点要求，确保涂饰工程质量。

1 涂饰工程施工主要相关规范标准

本条所列的是与涂饰工程施工相关的主要国家和行业标准，也是项目部须根据需要配置的，且在施工中经常查看的规范标准。

1.1 材料规范

（1）《建筑室内用腻子》JG/T 298

（2）《合成树脂乳液内墙涂料》GB/T 9756

1.2 质量验收及施工规范

（1）《建筑装饰装修工程质量验收规范》GB 50210

（2）《住宅装饰装修工程施工规范》GB 50327

（3）《建筑涂饰工程施工及验收规程》JGJ/T 29

（4）《建筑工程检测试验技术管理规范》JGJ 190

（5）《建筑墙体用腻子应用技术规程》DB11/T 850

1.3 相关防火、环保规范

（1）《民用建筑工程室内环境污染控制规范》GB 50325

（2）《室内装饰装修材料　内墙涂料中有害物质限量》GB 18582

（3）《室内装饰装修材料　胶粘剂中有害物质限量》GB 18583

1.4 相关图集

《内装修墙面装修》13J502-1

2 涂饰工程强制性条文

2.1 《民用建筑工程室内环境污染控制规范》GB 50325—2010 强制性条文

（第 5.2.5 条）民用建筑工程室内装修中所采用的水性涂料、水性胶粘剂、水性处理剂必须有同批次产品的挥发性有机化合物（VOC）和游离甲醛含量检测报告；溶剂型涂料、溶剂型胶粘剂必须有同批次产品的挥发性有机化合物（VOC）、苯、甲苯十二甲苯、游离甲苯二异氰酸酯（TDI）含量检测报告，并应符合设计要求和本规范的有关规定。

3 涂饰工程材料的现场管理

3.1 涂饰材料进场及检验

3.1.1 材料的品种、规格和质量应符合设计要求和国家现行标准的有关规定。当设计无要求时应符合国家现行标准的规定。严禁使用国家明令淘汰的材料。

3.1.2 乳胶漆等材料进场时应对品种、规格、外观和尺寸进行验收。材料包装应完好，应有产品合格证书、中文说明书及相关性能的检测报告；进口产品应按规定进行商品检验。

3.1.3 涂料进场后需要进行复验。同一厂家生产的同一品种、同一类型的进场材料应至少抽取一组样品进行复验，当合同另有约定时应按合同执行。

3.1.4 当国家规定或合同约定应对材料进行见证检测时，或对材料的质量发生争议时，应进行见证检测。

3.1.5 承担建筑装饰装修材料检测的单位应具备相应的资质，并应建立质量管理体系。

3.1.6 建筑装饰装修工程所使用的材料在运输、储存和施工过程中，必须采取有效措施防止损坏、变质和污染环境。

3.1.7 内墙腻子的粘结强度应符合《建筑室内用腻子》JG/T 298 的规定见表 9.3.1。

室内用腻子物理性能技术指标要求　　　　　　　　　　　　　表 9.3.1

项　目			技术指标a		
			一般型(Y)	柔韧型(R)	耐水型(N)
容器中状态			无结块、均匀		
低温贮存稳定性b			三次循环不变质		
施工性			刮涂无障碍		
干燥时间（表干）(h)	单道施工厚度(mm)	<2	≤2		
		≥2	≤5		
初期干燥抗裂性(3h)			无裂纹		

项　目	技术指标[a]		
	一般型（Y）	柔韧型（R）	耐水型（N）
打磨性	手工可打磨		
耐水性	—	4h无起泡、开裂及明显掉粉	48h无起泡、开裂及明显掉粉
粘结强度（MPa） 标准状态	＞0.30	＞0.40	＞0.50
粘结强度（MPa） 浸水后	—	—	＞0.30
柔韧性	—	直径100mm，无裂纹	—

[a] 在报告中给出pH实测值。
[b] 液态组分或膏状组分需测试此项指标。

3.1.8　涂饰材料进场检查验收（包括乳胶漆、腻子、粉刷石膏和界面剂），要由项目部专业工程师负责组织质检员、专业工长、试验员、材料员以及监理共同参加的联合检查验收，检查内容包括：产品的材质、品种、规格、型号、数量、外观质量、产品出厂合格证及其他应随产品交付的技术资料是否符合要求（并根据检测报告机构预留电话及时查验技术资料真伪）。

3.2　涂饰材料管理

3.2.1　涂饰材料应按照不同材料的要求分别进行放置，并按照材料的规格、型号、等级、颜色进行分类贮存，并挂标识牌，注明产地、规格、品种、数量、检验状态（合格、不合格、待检）、检验日期等。

3.2.2　对于需要先试后使用的产品，由项目试验员严格按照相关规定进行取样，送试验室复验，材料复试合格后方可使用。专业工程师对材料的抽样复试工作要进行检查监督。

3.2.3　在进行材料的检验工作完成后，相关的内业工作（产品合格证、试验报告等质量证明文件）要及时收集、整理、归档位。

3.2.4　涂饰材料进场应建立材料收发料制度，建立材料收发料台账。材料的检验工作完成并合格后，由项目部专业工程师负责填写涂饰材料发料单，并由库管员负责将材料发放给各施工作业队。

4　涂饰工程的施工要求

4.1　一般规定

4.1.1　涂饰工程应在抹灰、吊顶、细部、地面及电气工程等已完成并验收合格后进行。

4.1.2　厨房、卫生间墙面必须使用耐水腻子；涂饰工程应优先采用绿色环保产品。

4.1.3　涂料在使用前应搅拌均匀，并应在规定的时间内用完。

4.1.4　施工现场环境温度宜在5～35℃之间，并应注意通风换气和防尘。

4.1.5 基层处理应符合下列规定：

（1）混凝土及水泥砂浆抹灰基层：应满刮腻子、砂纸打光，表面应平整光滑、线角顺直。

（2）纸面石膏板基层：应按设计要求对板缝、钉眼进行处理后，满刮腻子、砂纸打光。

4.1.6 涂饰施工一般方法：

（1）滚涂法：将蘸取漆液的毛辊先按 W 方式运动将涂料大致涂在基层上，然后用不蘸取漆液的毛辊紧贴基层上下、左右来回滚动，使漆液在基层上均匀展开，最后用蘸取漆液的毛辊按一定方向满滚一遍。阴角及上下口宜采用排笔刷涂找齐。

（2）喷涂法：喷枪压力宜控制在 0.4～0.8MPa 范围内。喷涂时喷枪与墙面应保持垂直，距离宜在 500mm 左右，匀速平行移动。两行重叠宽度宜控制在喷涂宽度的 1/3。

（3）刷涂法：宜按先左后右、先上后下、先难后易、先边后面的顺序进行。

4.1.7 涂料打磨应待涂膜完全干透后进行，打磨应用力均匀，不得磨透露底。

4.1.8 涂饰施工温度，应遵守产品说明书要求的温度范围；施工时空气相对湿度宜小于 85%。

4.1.9 涂饰施工应符合现行国家标准《涂装作业安全规程 涂漆工艺安全及其通风净化》GB 6514 及《涂装作业安全规程 劳动卫生和劳动卫生管理》GB 7691 中的有关规定。对于有涂装材料飞散对人体产生有害影响时，操作人员应有劳动保护。

4.1.10 为达到建筑涂饰工程的质量要求，必须保证基层的养护期、施工工期及涂层养护期。

4.1.11 涂饰材料除应满足国家相关标准外，对于内墙涂饰材料还应执行《室内装饰装修材料 内墙涂料中有害物质限量》GB 18582 的环保要求，见表 9.4.1。

有害物质限量的要求　　　　　　　　　　　　　　　　　　　　　表 9.4.1

项　　目		限量值	
		水性墙面涂料[a]	水性墙面腻子[b]
挥发性有机化合物含量（VOC）　≤		120g/L	15g/kg
苯、甲苯、乙苯、二甲苯总和（mg/kg）　≤		300	
游离甲醛（mg/kg）　≤		100	
可溶性重金属（mg/kg）　≤	铅 Pb	90	
	镉 Cd	75	
	铬 Cr	60	
	汞 Hg	60	

[a] 涂料产品所有项目均不考虑稀释配比。

[b] 膏状腻子所有项目均不考虑稀释配比；粉状腻子除可溶性重金属项目直接测试粉体外，其余 3 项按产品规定的配比将粉体与水或胶黏剂等其他液体混合后测试。如配比为某一范围时，应按照水用量最小、胶黏剂等其他液体用量最大的配比混合后测试。

4.2 作业条件

4.2.1 混凝土及抹灰面基层应牢固，不开裂、不掉粉、不起砂、不空鼓、无剥离、无石灰爆裂点和无附着力不良的旧涂层等。

4.2.2 混凝土及抹灰面基层应表面平整，立面垂直、阴阳角垂直、方正和无缺棱掉角，分格缝深浅一致且横平竖直。允许偏差应符合表9.4.2的要求且表面应平而不光。

混凝土及抹灰质量的允许偏差（mm）　　　　　　表9.4.2

平整内容	普通级	中级	高级
表面平整	≤5	≤4	≤2
阴阳角垂直	—	≤4	≤2
阴阳角方正	—	≤4	≤2
立面垂直	—	≤5	≤3
分格缝深浅一致和横平竖直	—	≤3	≤1

4.2.3 基层应清洁，表面无灰尘、无浮浆、无油迹、无锈斑、无霉点、无盐类析出物和无青苔等杂物。

4.2.4 基层应干燥，涂刷乳液型涂料时，基层含水率不得大于10%。

4.2.5 基层的pH值不得大于10。

4.2.6 涂饰前，应对基层进行验收；合格后，方可进行涂饰施工。

4.2.7 建筑装饰装修工程施工前应有主要材料的样板或做样板间（件），并应经有关各方确认。

4.3 操作工艺

4.3.1 混凝土及抹灰面刷乳胶漆工艺流程

基层清理→涂刷界面处理剂→冲筋→基层处理→粉刷石膏找平→调配腻子、弹出控制线→刮腻子、打磨→刷乳胶漆。

（1）基层清理：基层表面的浮灰、溅浆及空鼓等疏松的部位应使用铲刀、钢丝刷、毛刷、砂纸等工具去除。

基层表面的油污、模板隔离剂等污染物，可用洗涤剂清洗，再用清水冲洗干净，完全干燥后方可进行腻子施工。

（2）涂刷界面处理剂：将界面剂按说明书比例加水稀释后，用辊刷涂布在基层，涂布1～2遍。

（3）冲筋：当混凝土及抹灰面基层超出其允许偏差时，应用粉刷石膏填补找平。先用高强石膏进行冲筋。冲筋根数应根据房间

图9.4.3-1　涂刷界面处理剂示例图

的宽度和高度确定。当墙面高度小于3.5m时，宜做立筋，两筋间距不宜大于1.5m；墙面高度大于3.5m时，宜做横筋，两筋间距不宜大于2m（图9.4.3-2）。

（4）基层处理：基层表面明显的凸出部位，应打磨平整，电管线槽等处用嵌缝石膏外贴的确良布进行填补找平加固（图9.4.3-3）。

图 9.4.3-2　高强石膏冲筋示例图

图 9.4.3-3　嵌缝石膏外贴的确良布示例图

（5）粉刷石膏找平：冲筋 2h 后，可抹底灰。应先抹一层粉刷石膏，并应压实、覆盖整个基层，待前一层六七成干时，满挂玻璃纤维网格布，再抹下一层粉刷石膏找平。待抹灰完成后，最后再用刮杠刮平（图 9.4.3-4～图 9.4.3-7）。

图 9.4.3-4　满挂玻璃纤维网格布示例图

图 9.4.3-5　第二层粉刷石膏施工示例图

图 9.4.3-6　分层抹灰效果示例图

图 9.4.3-7　采用刮杠大面刮平示例图

（6）调配腻子、弹出控制线：腻子的调配按照生产厂家提供的使用说明进行；控制线按设计要求进行（图 9.4.3-8、图 9.4.3-9）。

（7）刮腻子、打磨：普通建筑墙体用腻子施工，第一道腻子刮涂厚度不应大于 2mm，第二道腻子刮涂厚度不应大于 1.5mm；第一道腻子与基层必须粘结牢固，刮涂时要使腻子浸润被涂基材表面，渗透填实微孔；第二道腻子层表面应平整，覆盖基层表面粗糙不平的缺陷。两道腻子之间的施工时间间隔不宜太短，要待上道刮涂的腻子层干透后再刮涂下道腻子；每道腻子施工后，待腻子膜干燥以后，用水砂纸打磨至平滑，手工打磨应用垫板（图 9.4.3-10、图 9.4.3-11）。

图 9.4.3-8　调配腻子示例图

图 9.4.3-9　弹出控制线示例图

图 9.4.3-10　刮腻子示例图

图 9.4.3-11　打磨腻子示例图

（8）刷乳胶漆：涂饰工程施工应按"底涂层、中间涂层、面涂层"的要求进行施工，后一遍涂饰材料的施工必须在前一遍涂饰材料表面干燥后进行。每一遍涂饰材料应涂饰均匀，各层涂饰材料必须结合牢固，对有特殊要求的工程可增加面涂层次数。

在整个施工过程中，涂饰材料的施工黏度应根据施工方法、施工季节、温度、湿度等条件严格控制，应有专人按说明书负责调配，不得随意加稀释剂或水。

配料及操作地点应经常清理保持整洁，保持良好的通风条件。

未用完的涂饰材料应密封保存，不得泄漏或溢出。

施工过程中应采取措施防止对周围环境的污染。

采用传统的施工辊筒和毛刷进行涂饰时，每次蘸料后宜在匀料板上来回滚匀或在桶边舔料。涂饰时涂膜不应过厚或过薄，应充分盖底，不透虚影，表面均匀。采用喷涂时应控制涂料黏度和喷枪的压力，保持涂层厚薄均匀，不透底、不流坠、色泽均匀，确保涂层的厚度。

对于干燥较快的涂饰材料，大面积涂饰时，应由多人配合操作，流水作业，顺同一方向涂饰，应处理好接茬部分（图9.4.3-12、图9.4.3-13）。

图9.4.3-12 辊筒滚刷涂料示例图　　　　　　图9.4.3-13 毛刷局部处理示例图

4.3.2 石膏板面刷乳胶漆工艺流程：

基层处理→调配腻子、弹出控制线→刮腻子、打磨→刷乳胶漆。

（1）基层处理：纸面石膏板墙接缝做法有三种形式，即平缝、凹缝和压条缝；一般作平缝较多，可按以下程序处理：

1）点防锈漆：先将固定石膏板的自攻螺丝点防锈漆，再用腻子补平。

2）刮嵌缝腻子：刮嵌缝腻子前先将接缝内浮土清除干净，用小刮刀把腻子嵌入板缝，与板面填实刮平。

3）粘贴拉结带：待嵌缝腻子凝固后再粘贴拉接材料。先在接缝上薄刮一层稠度较稀的胶状腻子，厚度为1mm，宽度为拉结带宽，随即粘贴拉接带，用中刮刀从上而下方向一个方向刮平压实，赶出胶腻子与拉接带之间的气泡。

4）刮中层腻子：拉接带粘贴后，立即在上面再刮一层比拉接带宽80mm左右、厚度约1mm的中层腻子，使拉接带埋入这层呢子中。

5）找平腻子：用大刮刀将腻子填满楔形槽与板面平（图9.4.3-14）。

（2）调配腻子、弹出控制线、刮腻子、打磨、刷乳胶漆这些工艺同混凝土及抹灰面刷乳胶漆工艺做法（图9.4.3-15）。

【备注：现在打磨腻子使用腻子打磨机已经越来越广泛，节约人工及粉尘污染（图9.4.3-16），涂料施工使用涂料喷涂机节约人工（图9.4.3-17）。】

4.3.3 应注意的质量问题

（1）透底：产生原因是漆膜薄或基层不干，因此刷涂料时除应注意不漏刷外，还应保持涂料乳胶漆的稠度，不可加稀释剂过多。

图9.4.3-14　石膏板基层处理示例图

图9.4.3-15　刮腻子示例图

图9.4.3-16　腻子打磨机施工示例图

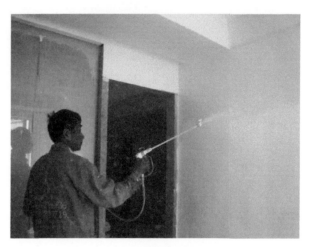

图9.4.3-17　涂料喷涂机施工示例图

（2）接槎明显：涂刷时要上下刷顺，后一辊筒紧接前一辊筒，若间隔时间稍长，就容易看出明显接头，因此大面积涂刷时，应配足人员，互相衔接。

（3）刷纹明显：涂料（乳胶漆）稠度要适中，毛刷蘸涂料量要适当，多理多顺，防止刷纹过大。

（4）分色线不齐：施工前应认真划好粉线，刷分色线时要靠放直尺，用力均匀，起落要轻，辊筒蘸量要适当，从左向右滚刷。

（5）涂刷带颜色的涂料时，保证独立面每遍用同一批涂料，并宜一次用完，保证颜色一致。

5　腻子工程的质量验收标准

5.1　材料质量检验

5.1.1　同一厂家生产的同一品种、同一类型的腻子10t为一检验批，不足10t也视为一批。同一批产品应至少抽取一组样品进行复验，当采购合同另有约定时应按合同执行。

5.1.2　材料进场复试项目按表9.5.1执行。

序号	材料名称	执行产品标准	进场复试项目
1	建筑室内用腻子	JG/T 298 GB 18582 JC/T 1074 JC/T 2040	施工性、干燥时间、粘结强度(标准状态)、挥发性有机化合物含量(V℃)、净化性能(空气净化功能腻子复试此项)、空气负离子诱生量(负离子腻子复试此项)

5.2 工程质量检验

5.2.1 腻子施工工程的检验批按下列要求进行：室内工程同类腻子施工的每 50 自然间（大面积房间和走廊按 10 延长米为一间）的墙面划分为一个检验批，不足 50 自然间也划分为一个检验批。

5.2.2 每个检验批的检查数量按下列要求进行：室内按有代表性的自然间（大面积房间和走廊按 10 延长米为一间）抽查 10%，但不应少于 5 间。

5.2.3 腻子层应粘结牢固，表面洁净、平整、无凹凸，无漏刮、错台，无砂眼、疙瘩等缺陷。

检验方法：观察；手摸检查。

5.2.4 腻子面层允许偏差应符合表 9.5.2 的规定。

材料进场复试项目 表 9.5.2

序号	项　　目	允许偏差,mm		检验方法
		普通涂饰	高级涂饰	
1	立面垂直度	3	2	用 2m 垂直检测尺检验
2	表面平整度	3	2	用 2m 靠尺和塞尺检验
3	阴、阳角方正	3	2	用直角检测尺检验

5.3 工程验收

5.3.1 腻子施工工程应在涂层养护期满后进行验收。

5.3.2 验收时应检查下列文件和记录：

（1）施工工程的施工图、设计说明及其他设计文件；

（2）腻子的产品合格证书、型式检验报告（有资质的检验机构出具的有效期内的检验合格的报告）、进场复试报告；

（3）材料进场验收记录；

（4）基层的验收记录；

（5）腻子施工记录。

6 涂饰工程的质量验收标准

6.1 一般规定

6.1.1 适用于乳液型涂料、无机涂料、水溶性涂料等水性涂料涂饰工程的质量验收。

6.1.2 涂饰工程验收时应检查下列文件和记录：

（1）涂饰工程的施工图、设计说明及其他设计文件。

（2）材料的产品合格证书、性能检测报告和进场验收记录。

（3）施工记录。

6.1.3 涂饰工程的检验批应按下列规定划分：室内涂饰工程同类涂料涂饰的墙面每50间（大面积房间和走廊按涂饰面积30m² 为一间）应划分为一个检验批，不足50间也应划分为一个检验批。

6.1.4 检查数量应符合下列规定：室内涂饰工程每个检验批应至少抽查10%，并不得少于3间；不足3间时应全数检查。

6.1.5 水性涂料涂饰工程施工的环境温度应在5～35℃之间。

6.1.6 涂饰工程应在涂层养护期满后进行质量验收。

6.2 主控项目

6.2.1 水性涂料工程所用涂料的品种、型号和性能应符合设计要求。

检验方法：检查产品合格证书、性能检测报告和进场验收记录。

6.2.2 涂饰工程基层处理质量应符合以下要求：

（1）新建筑物的混凝土或抹灰基层在涂饰涂料前应涂刷抗碱封闭底漆。

（2）旧墙面在涂饰涂料前应清除疏松的旧装修层，并涂刷界面剂。

（3）混凝土或抹灰基层涂刷乳液型涂料时，含水率不得大于10%。

（4）基层腻子应平整、坚实、牢固，无粉化、起皮和裂缝。

检验方法：观察；手摸检查；检查施工记录。

6.2.3 水性涂料涂饰工程的颜色、图案应符合设计要求。

检验方法：观察。

6.2.4 水性涂料涂饰工程应涂饰均匀、粘结牢固，不得漏涂、透底、起皮和掉粉。

检验方法：观察；手摸检查。

6.3 一般项目

6.3.1 薄涂料的涂饰质量和检验方法应符合表9.6.3的规定。

薄涂料的涂饰质量和检验方法　　　　　　　　　　表9.6.3

项次	项　目	普通涂饰	高级涂饰	检验方法
1	颜色	均匀一致	均匀一致	观察
2	返碱、咬色	允许少量轻微	不允许	
3	流坠、疙瘩	允许少量轻微	不允许	
4	砂眼、刷纹	允许少量轻微砂眼，刷纹通顺	无砂眼，无刷纹	
5	装饰线、分色线直线度允许偏差(mm)	2	1	拉5m线，不足5m拉通线，用钢直尺检查

6.3.2 涂层与其他装修材料和设备衔接处应吻合，界面应清晰。

检验方法：观察。

第 10 章 细 部 工 程

细部工程包括橱柜制作与安装，窗帘盒、窗台板和暖气罩制作与安装，门窗套制作与安装，护栏和扶手制作与安装，花饰制作与安装。

1 细部工程施工主要相关规范及标准

本条所列的是与细部工程施工相关的主要国家和行业标准，也是项目部必须配置的，且在施工中经常查看的规范标准。地方标准由于各地要求不一致，未进行列举，但在各地施工时必须参考。

《建筑装饰装修工程施工质量验收规范》GB 50210—2001
《住宅装饰装修工程施工规范》GB 50327—2001
《住宅室内装饰装修工程质量验收规范》JGJ/T 304—2013
《民用建筑设计通则》GB 50352—2005
《建筑玻璃应用技术规程》JGJ 113—2009
《建筑内部装修防火施工及验收规范》GB 50354—2005
《建筑内部装修设计防火规范》GB 50222—95（2001 年局部修订）
《民用建筑工程室内环境污染控制规范》GB 50325—2010
《建筑材料放射性核素限量》GB 6566—2010
《楼梯 栏杆 栏板》国标图集 06J403-1

2 细部工程强制性条文

2.1 《建筑装饰装修工程施工质量验收规范》GB 50210—2001 强制性条文

（第 12.5.6 条）护栏高度、栏杆间距、安装位置必须符合设计要求。护栏安装必须牢固。

2.2 《民用建筑设计通则》GB 50352—2005 强制性条文

（第 6.6.3 条）阳台、外廊、室内回廊、内天井、上人屋面及室外楼梯等临空处应设置防护栏杆，并应符合下列规定：

（1）栏杆应以坚固、耐久的材料制作，并能承受荷载规范的水平荷载；

（2）住宅、托儿所、幼儿园、中小学及少年儿童专用活动场所的栏杆必须采用防止少年儿童攀登的构造，当采用垂直杆件做栏杆时，其杆件净距不应大于 0.11m。

3 细部工程原材料的现场管理

3.1 材料要求

细部工程采用的材料或产品应符合设计要求和国家现行有关标准的规定。无国家现行标准的，应具有省级住房和城乡建设行政主管部门的技术认可文件。材料或产品进场时还应符合下列规定：

(1) 应有质量合格证明文件；

(2) 应对型号、规格、外观等进行验收，对重要材料或产品应抽样进行复验，复验的项目应齐全，复验的次数应符合规范的要求。

3.2 进场检验

3.2.1 细部工程应对人造木板、胶粘剂的甲醛含量进行复验。

3.2.2 橱柜制作与安装所用材料和规格、木材的燃烧性能等级和含水率、花岗石的放射性及人造木板的甲醛含量应符合设计要求及国家现行标准的有关规定。

3.2.3 窗帘盒、窗台板和散热器罩制作与安装所使用材料的材质和规格、木材的燃烧性能等级和含水率、花岗石的放射性及人造木板的甲醛含量应符合设计要求及国家现行行业标准的有关规定。

3.2.4 门窗套制作安装所使用材料的材质、规格、花纹和颜色、木材的燃烧性能等级和含水率、花岗石的放射性及人造木板的甲醛含量应符合设计要求及国家现行行业标准的有关规定。

3.2.5 护栏和扶手制作与安装所使用材料的材质、规格、数量和木材、塑料的燃烧性能等级应符合设计要求。

3.2.6 花饰制作与安装所使用材料的材质、规格应符合设计要求。

3.3 材料检测取样要求

材料检测取样要求 表 10.3.3

序号	名　称	检验批量	试验项目
1	石材	同一产地、同一品种、等级、类别的材料每200m²（花岗岩）或100m³（大理石）为一批	放射性
2	陶瓷砖	同一厂家、同一品种 5000m²	吸水性抗冻性
3	人造木板	同一地点、同一类别、同一规格的产品大于500m² 为一验收批	甲醛释放量
4	木材	—	含水率
5	粘结石膏	10t	细度、凝结时间、绝干抗折强度、绝干抗压强度、粘结拉伸强度

【备注：细部工程是比较集中地使用人造板材、胶粘剂及溶剂型涂料的分项子工程，

同时也是甲醛、苯等室内主要污染物质的主要来源，因此必须强调所用材料应符合国家现行标准，以达到减少室内环境污染的目的。】

4 细部工程的施工要点

4.1 一般规定

（1）细部工程应在隐蔽工程已完成并经验收后进行。

（2）细木饰面板安装后，应立即刷一遍底漆。

（3）潮湿部位的固定橱柜、木门套应做防潮处理。

图 10.4.1-1　木门套与地面交接处打胶防潮

图 10.4.1-2　不锈钢包裹防止受潮变形

(a)

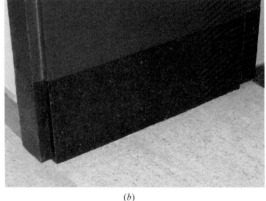
(b)

图 10.4.1-3　卫生间门套底部采用石材护脚，解决了木门套底部易腐问题

（4）护栏、扶手应采用坚固、耐久材料，并能承受规范允许的水平荷载。

（5）扶手高度不应小于 0.90m，护栏高度不应小于 1.05m，栏杆间距不应大于 0.11m。

（6）潮湿较大的房间，不得使用未经防水处理的石膏花饰、纸质花饰等。

（7）花饰安装完毕后，应采取成品保护措施。

4.2 门窗套制作安装

4.2.1 安装前检查应具备的条件，检查门窗预留洞口尺寸是否符合设计要求。预埋件的基底是否牢固可靠，并应在顶棚、墙面及地面抹灰工程完工后进行。

4.2.2 与墙体对应的基层板板面应进行防腐处理，基层板安装应牢固。

4.2.3 安装前，应检查加工品的树种、材质、品种、规格、加工质量、特备零件或不锈钢挂件、型钢的规格以及数量必须符合设计及规范要求。

4.2.4 门套安装

图 10.4.2-1 成品门套

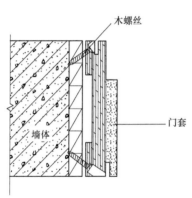

图 10.4.2-2 门套安装示例图

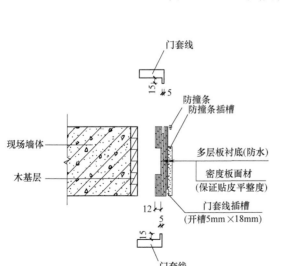

图 10.4.2-3 门套线安装示例图

257

4.2.5　门窗套安装，需经配料，安装部位首先量尺，处理接头及转角位置；设计无特殊要求，接头应成45°角；转角位置应按设计转角大小刨成坡角相接（按量尺、割角后，在安装部位进行预装）。

图10.4.2-4　门套45°拼接自然

图10.4.2-5　门套平缝对接自然

图10.4.2-6　木质窗套安装实例图

图10.4.2-7　造型窗套线条流畅，造型美观高贵

4.2.6　饰面板颜色、花纹应谐调、通顺，其接头位置应避开视线平视范围，宜在室内地面2m以上或1.2m以下，接头应留在横撑上。

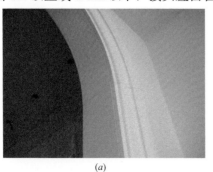

(a)

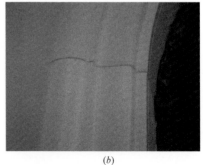

(b)

图10.4.2-8　拱形垭口套留工艺缝处理

4.3 窗帘盒制作安装

4.3.1 窗帘盒宽度应符合设计要求。当设计无要求时，窗帘盒宜伸出窗口两侧200～300mm，窗帘盒中线应对准窗口中线，并使两端伸出窗口长度相同。

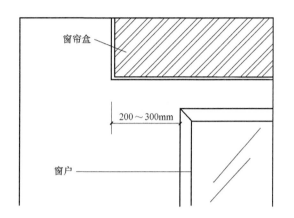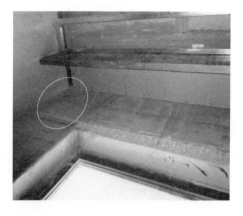

图 10.4.3-1　窗帘盒宜伸出窗口两侧示例图

图 10.4.3-2　窗帘盒伸出窗户两侧实例

4.3.2 窗帘盒与顶棚交接处宜用角线收口，窗帘盒靠墙部分应与墙面紧贴。

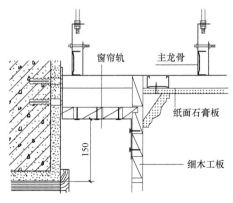

图 10.4.3-3　顶棚交接处角线收口示意图　　　图 10.4.3-4　窗帘盒与墙面贴紧示例图

259

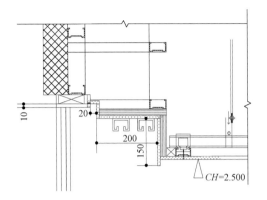

图 10.4.3-5　导轨安装固定示例图

图 10.4.3-6　导轨安装固定示例图

4.3.3　窗帘轨道安装应平直。窗帘轨固定点必须在底板的龙骨上，连接必须用木螺钉，严禁用圆钉固定。采用电动窗帘轨时，应按产品说明书进行安装调试。

4.4　窗台板制作安装

4.4.1　根据设计要求窗下框标高、位置，对窗台板的标高进行划线。为使同一房间的连通窗台板保持标高和纵、横位置一致，安装时应拉通线找平，使安装成品达到横平竖直。

(a)　　　　　　　　　　　　　　　(b)

图 10.4.4-1　窗台板顺直平整实例

4.4.2 安装窗台板应在窗框安装完成后进行。窗台板安装按照设计图纸要求进行，设计无要求时，窗台板宜伸出墙面 3cm。

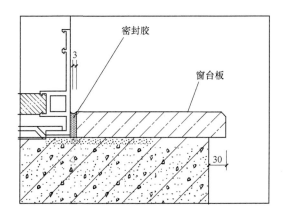

图 10.4.4-2　窗台板下檐探出 3cm

图 10.4.4-3　窗台板伸出墙面两端实例

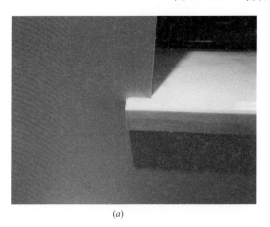

(a)　　　　　　　　　　　　　　　　　(b)

图 10.4.4-4　窗台板安装实例

4.4.3 窗台板底部垫实后捻灰应饱满；跨空窗台板支架应安装平正，使受力均匀、固定牢靠。

图 10.4.4-5　水泥砂浆窗台制作精细、光洁、顺直　　　　　图 10.4.4-6　不锈钢窗台

(a)

(b)

图 10.4.4-7　落地式窗台板实例 1

4.5　橱柜的制作安装

4.5.1　根据设计要求及地面及顶棚标高，确定橱柜的平面位置和标高。

图 10.4.4-8　落地式窗台板实例 2　　　　　图 10.4.5-1　厨房柜橱安装实例

4.5.2 安装壁柜、吊柜时，严禁碰撞抹灰及其他装饰面的口角，防止损坏成品面层。

4.5.3 五金件可先安装就位，油漆之前将其拆除，五金件安装应整齐、牢固。

4.6 扶手、护栏的制作安装

4.6.1 按照设计要求，将固定件间距、位置、标高、坡度进行找位校正，弹出栏杆纵向中心线和分格的位置线。

4.6.2 扶手与垂直杆件连接牢固，紧固件不得外露。

(a)

(b)

图 10.4.6-1 扶手与杆件连接牢固实例

4.6.3 木扶手弯头加工成形应刨光，弯曲应自然，表面应磨光。整体弯头制作前应做足尺样板，按样板划线。弯头粘结时，温度不宜低于 5℃。弯头下部应与栏杆扁钢结合紧密、牢固。

图 10.4.6-2 弯头成形，弯曲自然

图 10.4.6-3 木扶手接头线条顺畅表面光滑

图 10.4.6-4 弯头与栏杆结合紧密、牢固

图 10.4.6-5 弯头粘结牢固、自然

(a)

(b)

图 10.4.6-6 石材扶手制作精细工艺考究，彰显大气

图 10.4.6-7 不锈钢护栏
弯曲自然，接缝严密

4.6.4 金属扶手、护栏垂直杆件与预埋件连接应牢固、垂直，如焊接，则表面应打磨抛光。

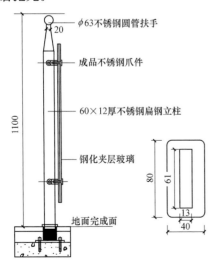

图 10.4.6-8 立杆与预埋件焊接连接

图 10.4.6-9　玻璃栏板及栏杆转折处过渡圆滑

图 10.4.6-10　立杆玻璃栏板

(a)

(b)

图 10.4.6-11　玻璃栏板底部防踢实例

4.6.5　地面为石材地面时，栏杆处安装有整块石材时，立杆焊接后，按照立杆的位置，将石材开洞套装在立杆上。开洞大小应保证栏杆的法兰盘能盖严。

图 10.4.6-12　不锈钢护栏接头焊
接月牙形，打磨抛光如新

图 10.4.6-13　石材套割安装立杆实例

4.6.6　玻璃栏板应使用夹层玻璃或安全玻璃。护栏玻璃应使用公称厚度不小于 12mm 的钢化玻璃或钢化夹层玻璃。当护栏一侧距楼地面高度为 5m 及以上时，应使用钢化夹层玻璃。

图 10.4.6-14　石材套割安装加盖法兰盘实例　　图 10.4.6-15　铝板套割安装立杆加盖法兰盘

【备注：《建筑玻璃应用技术规程》JGJ 113 第 6.2.5 条对栏杆用玻璃做了专门规定：(1) 不承受水平荷载的栏杆玻璃应使用符合规程表 6.1.2-1 的规定，且公称厚度不小于 5mm 的钢化玻璃，或公称厚度不小于 6.38mm 的夹层玻璃。(2) 承受水平荷载的栏杆玻璃应使用公称厚度不小于 12mm 的钢化玻璃或钢化夹层玻璃，当玻璃位于建筑高度为 5m 及以上时，应采用钢化夹层玻璃。】

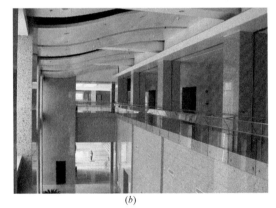

(a)　　　　　　　　　　　　　　　　(b)

图 10.4.6-16　钢化夹层玻璃栏板实例图

4.6.7　临空高度在 24m 以下时，栏杆高度不应低于 1.05m，临空高度在 24m 及 24m 以上（包括中高层住宅）时，栏杆高度不应低于 1.10m。

(a)　　　　　　　　　　　　　　　　(b)

图 10.4.6-17　栏杆垂直高度符合规范要求

图 10.4.6-18　护栏杆件净距≤0.11m

图 10.4.6-19　楼梯护栏防坠物台，新颖美观

(a)

(b)

图 10.4.6-20　水平段加高，下部 10cm 封闭

(a)

(b)

图 10.4.6-21　石材扶手栏杆实例

【备注：栏杆高度应从楼地面或屋面至栏杆扶手顶面垂直高度计算，如底部有宽度大于或等于0.22m，且高度低于或等于0.45m的可踏部位，应从可踏部位顶面起计算。】

4.7 花饰的制作安装

4.7.1 装饰线安装的基层必须平整、坚实，装饰线不得随基层起伏。

4.7.2 木（竹）质装饰线、件的接口应拼对花纹，拐弯接口应齐整无缝，同一种房间的颜色应一致，封口压边条与装饰线、件应连接紧密牢固。

图10.4.7-1 墙面木雕花雕刻精致美观

图10.4.7-2 木雕花雕刻精细、漆面饱满光滑

图10.4.7-3 墙面木花格造型优美，施工精致

图10.4.7-4 墙面木饰面花格加工精细、美观

图10.4.7-5 木饰雕花雕工精美，油漆饱满透亮

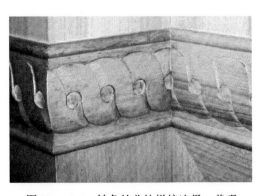

图10.4.7-6 转角处花纹拼接连贯、美观

4.7.3　花饰粘贴法安装：一般轻型花饰采用粘贴法安装。粘贴材料根据花饰材料品种选用。石膏制品可用石膏或快粘粉；木材制品可采用乳胶或万能胶；水泥制品可采用1：1水泥砂子胶浆固定；石材制品可采用大力士胶；金属制品可采用万能胶。能用钉固定的花饰可使用粘结剂加钉固定的方法。

(a)　　　　　　　　　　　　　　　　(b)

图 10.4.7-7　石膏角线粘贴钉固

4.7.4　螺丝固定法安装：较大型花饰采用螺丝固定法安装。安装时将花饰预留孔眼对准结构预埋固定件，用不锈钢或镀锌螺丝适量拧紧，花饰图案应精确吻合，固定后用同材质填充料将安装孔眼填嵌密实，表面用同花饰颜色一样的材料修饰，不留痕迹。

(a)　　　　　　　　　　　　　　　　(b)

图 10.4.7-8　花饰造型安装固定

4.7.5　石膏装饰线、件安装的基层应干燥，石膏线与基层连接的水平线和定位线的位置、距离应一致，接缝应 45°角拼接。

4.7.6　金属类装饰线、件安装前应做防腐处理。基层应干燥、坚实。铆接、焊接或紧固件连接时，紧固件位置应整齐，焊接点应在隐蔽处、焊接表面应无毛刺。刷漆前应去除氧化层。

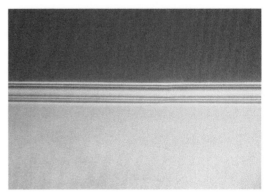

图 10.4.7-9 石膏装饰线 45°角拼接自然   图 10.4.7-10 石膏装饰线拼接无瑕疵

5 细部工程的质量查验标准

5.1 各分项工程的检验批应按下列规定划分

（1）同类制品每 50 间（处）应划分为一个检验批，不足 50 间（处）也应划分为一个检验批。

（2）每部楼梯应划分为一个检验批。

5.2 橱柜制作与安装工程的质量验收

每个检验批应至少抽查 3 间（处），不足 3 间（处）时应全数检查。

5.2.1 主控项目

（1）橱柜制作与安装所用材料的材质和规格木材的燃烧性能等级和含水率、花岗石的放射性及人造木板的甲醛含量应符合设计要求及国家现行标准的有关规定。

检验方法：观察；检查产品合格证书、进场验收记录、性能检测报告和复验报告。

（2）橱柜安装预埋件或后置埋件的数量、规格、位置应符合设计要求。

检查方法：检查隐蔽工程验收记录和施工记录。

（3）橱柜的造型、尺寸、安装位置、制作和固定方法应符合设计要求。橱柜安装必须牢固。

检验方法：观察；尺量检查；手扳检查。

（4）橱柜配件的品种、规格应符合设计要求。配件应齐全，安装应牢固。

检查方法：观察；手扳检查；检查进场验收记录。

（5）橱柜的抽屉盒柜门应开关灵活、回位正确。

检查方法：观察；开启和关闭检查。

5.2.2 一般项目

（1）橱柜表面应平整、洁净、色泽一致，不得有裂缝、翘曲及损坏。

检查方法：观察。

（2）橱柜裁口应顺直、拼缝应严密。

检查方法：观察。

（3）橱柜安装的允许偏差和检验方法应符合表 10.5.2 规定。

橱柜安装的允许偏差和检验方法　　　　　表 10.5.2

项次	项目	允许偏差（mm）	检验方法
1	外型尺寸	3	用钢尺检查
2	立面垂直度	2	用 1m 垂直检测尺检查
3	门与框的平行度	2	用钢尺检查

5.3 窗帘盒、窗台盒和散热器罩制作与安装工程的质量验收

5.3.1 每个检验批应至少抽查 3 间（处），不足 3 间（处）时应全数检查。

5.3.2 主控项目

（1）窗帘盒、窗台板和散热器罩制作与安装所使用材料的材质和规格、木材的燃烧性能等级和含水率、花岗石的放射性及人造木板的甲醛含量应符合设计要求及国家现行标准的有关规定。

检验方法：观察；检查产品合格证书、进场验收记录、性能检测报告和复验报告。

（2）窗帘盒、窗台板和散热器罩的造型、规格、尺寸、安装位置和固定方法必须符合设计要求。窗帘盒、窗台板和散热器罩的安装必须牢固。

检查方法：观察；尺量检查；手扳检查。

（3）窗帘盒配件的品种、规格应符合设计要求，安装应牢固。

检验方法：手扳检查；检查进场验收记录。

5.3.3 一般项目

（1）窗帘盒、窗台板和散热器罩表面应平整、洁净、线条顺直、接缝严密、色泽一致，不得有裂缝、翘曲及损坏。

检验方法：观察。

（2）窗帘盒、窗台板和散热器罩与墙面、窗框的衔接应严密，密封胶缝应顺直、光滑。

检验方法：观察。

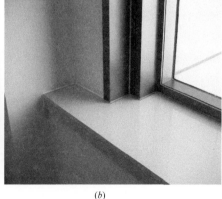

（a）　　　　　　　　　　　　　　　　　（b）

图 10.5.3-1　窗台板打胶均匀、顺直、光滑

271

图 10.5.3-2　窗台板接缝严密、顺直

（3）窗帘盒、窗台板和散热器罩安装的允许偏差和检验方法应符合表 10.5.3 规定。

窗帘盒、窗台板和散热器罩安装的允许偏差和检验方法　　　表 10.5.3

项次	项　　目	允许偏差（mm）	检验方法
1	水平度	2	用 1m 水平尺和塞尺检查
2	上口、下口直线度	3	拉 5m 线，不足 5m 拉通线，用钢直尺检查
3	两端距窗洞口长度差	2	用钢直尺检查
4	两端出墙厚度差	3	用钢直尺检查

5.4　门窗套制作与安装工程的质量验收

5.4.1　每个检验批应至少抽查 3 间（处），不足 3 间（处）时应全数检查。

5.4.2　主控项目

（1）门窗套制作与安装所使用材料的材质、规格、花纹和颜色、木材的燃烧性能等级和含水率、花岗石的放射性及人造木板的甲醛含量应符合设计要求及国家现行标准的有关规定。

检验方法：观察；检查产品合格证书、进场验收记录、性能检测报告和复验报告。

（2）门窗套的造型、尺寸和固定方法应符合设计要求，安装应牢固。

检验方法：观察；尺量检查；手扳检查。

5.4.3　一般项目

（1）门窗套表面应平整、洁净、线条顺直、接缝严密、色泽一致，不得有裂缝、翘曲及损坏。

检验方法：观察。

（2）门窗套安装的允许偏差和检验方法应符合表 10.5.4 的规定。

门窗套安装的允许偏差和检验方法　　　表 10.5.4

项次	项　　目	允许偏差（mm）	检验方法
1	正、侧面垂直度	3	用 1m 垂直检测尺检查
2	门窗套上口水平度	1	用 1m 水平检测尺和塞尺检查
3	门窗套上口直线度	3	拉 5m 线，不足 5m 拉通线，用钢直尺检查

(a)   (b)

图 10.5.4-1　检查门套的垂直度，上下门框的方正度

5.5　栏杆和扶手制作与安装工程的质量验收

5.5.1　每个检验批的护栏和扶手应全部检查。

5.5.2　主控项目

（1）护栏和扶手制作与安装所使用材料的材质、规格、数量和木材、塑料的燃烧性能等级应符合设计要求。

检验方法：观察；检查产品证书、进场验收记录和性能检测报告。

（2）护栏和扶手的造型、尺寸及安装位置应符合设计要求。

检验方法：观察；尺量检查；检查进场验收记录。

（3）护栏和扶手安装预埋件数量、规格、位置以及护栏与预埋件得连接节点应符合设计要求。

检验方法：检查隐蔽工程验收记录和施工记录。

（4）护栏高度、栏杆间距、安装位置必须符合设计要求。护栏安装必须牢固。

检验方法：观察；尺量检查；手扳检查。

（5）护栏玻璃应使用公称厚度不小于 12mm 的钢化玻璃或钢化夹层玻璃。当护栏一侧距楼地面高度为 5m 及以上时，应使用钢化夹层玻璃。

检验方法：观察；尺量检查；检查产品合格证书和进场验收记录。

5.5.3　一般项目

1　护栏和扶手转角弧度应符合设计要求，接缝应严密，表面应光滑，色泽应一致，不得有裂缝、翘曲及损坏。

检验方法：观察；手摸检查。

2　护栏和扶手安装的允许偏差和检验方法应符合表 10.5.5 的规定。

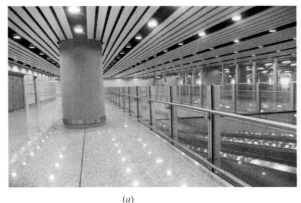
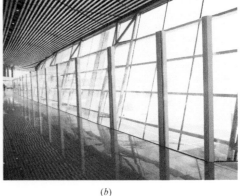

(a)   (b)

图 10.5.5-1　钢化夹层护栏玻璃

护栏和扶手安装的允许偏差和检验方法　　　　　　表 10.5.5

项次	项　目	允许偏差(mm)	检验方法
1	护栏垂直度	3	用 1m 垂直检测尺检查
2	栏杆间距	3	用钢尺检查
3	扶手直线度	4	拉通线,用钢直尺检查
4	扶手高度	3	用钢尺检查

5.6　花饰的制作与安装工程的质量验收

5.6.1　室外每个检验批应全部检查。

5.6.2　室内每个检验批至少抽查 3 间（处）；不足 3 间（处）时应全数检查。

5.6.3　主控项目

（1）花饰制作与安装所使用材料的材质、规格应符合设计要求。

检验方法：观察；检查产品合格证书和进场验收记录。

（2）花饰的造型、尺寸应符合设计要求。

检验方法：观察；尺量检查。

（3）花饰的安装位置和固定方法必须符合设计要求，安装必须牢固。

检验方法：观察；尺量检查；手扳检查。

5.6.4　一般项目

（1）花饰表面应洁净，接缝应严密吻合，不得有歪斜、裂缝、翘曲及损坏。

检验方法：观察。

（2）花饰安装的允许偏差和检验方法应符合表 10.5.6 的规定。

花饰安装的允许偏差和检验方法　　　　　　表 10.5.6

项次	项　目		允许偏差(mm)		检验方法
			室内	室外	
1	条型花饰的水平度或垂直度	每米	1	2	拉线和用 1m 垂直检测尺检查
		全长	3	6	
2	单独花饰中心位置偏移		10	15	拉线和用钢直尺检查